陳卓賢 著

只賺不賠小股神

導讀 融合「價值」與「趨勢」，踏上股票投資更高層次！

「股神」，不獨指著名投資人巴菲特（Warren Buffett），誠如電影《食神》的名句：「只要用心，人人都是食神。」在股市場上，只要用心，同樣人人都可做股神，你亦不例外。要成為股神，當然不需要每次買股都獲利，就算強如巴菲特，他亦無法做得到；然而，若能令整個投資組合「只賺不賠，回報跑贏大市」，讓你每晚睡得安心——這距離「股神」境界已不遠矣。

要達到這高度，必須掌握「價值投資」和「趨勢交易」兩門學問。雖然這兩大門派一直主導著投資者的心態，但兩者絕非對立，更毋須爭論何者才是投資正法。倘若我們能不拘泥於門派之見，並抽取各自的精髓，取長補短，混合使用於實戰之中，相信將可令個人投資套路更加完整，從而增加贏利的機會和本錢，縮減蝕錢、蝕時間等機會成本的風險。

資深財經編輯陳卓賢（Michael）延續前作《股票投資 All-in-1》及《從股壇初哥，到投資高手！》輕鬆易明的寫作風格，今次會向讀者講解有關「價值」和「趨勢」的重要知識和實戰技巧，並會將兩項技術融會貫通，製作出更具效率的獲利招數和更易上手的操盤方法，助你短時間內掌握訣竅，好好運用於股票市場上：

1.【價值投資篇】

巴菲特的投資核心理念在於「耐性」地長期持有，但這心理質素還需視乎個人性格及經驗，不是單靠努力就做到。要貫徹價值投資精神的第一步，首先當然是打好基礎，找出值得投資的好企業，最客觀的做法，是利用企業特質、財報數據及財務比率作基本分析；而本篇就會講解不同情況下的常用和特殊指標，從實務操作的角度，演繹價值投資的精神。

2.【趨勢交易篇】

除利用基本分析技巧找出好股票外，投資者亦需要看懂趨勢，在正確的時間點作出買賣，這主要有「順主勢買賣」及「撈底博反彈」兩種方法。由於可應用的技術分析工具眾多，所以本篇會集中介紹數招好使好用的「組合技」，讓你無論在趨勢市抑或牛皮市，都可強化高賣低買的命中率。另外，亦會說明莊家如何利用趨勢假象，引散戶走入陷阱，尤其喜愛買細價股的投資者，必須好好細閱，減低中伏的機會。

3.【入市攻略篇】

無論是價值投資，抑或是趨勢交易，兩者都可以是選股的切入點；但要將兩項技能融合應用於實戰，關鍵在於「時空布局」。我們必須根據市況及局勢，制訂攻守兼備的投資組合，最重要的第一步是分清每隻買入股份的角色，例如：哪些是長線持有的「收息股」、哪些是短線持有的「爆升股」和「熱炒股」、哪些是中長線都適合持有的「國策股」。作為精明的投資者，只要一開始就為買入的股票定好角色，以及掌握好買入的理由，就不會再出現「收息股短期股價跌，應否賣出？」又或「熱炒股要持有多久？」之類的疑問。

4.【傳奇心法篇】

世界那麼大，豈可只有巴菲特獨白？本篇收錄了另外九位世界知名的投資家精要及技巧，包括：「股神師兄」歐文・卡恩（Irving Kahn）、「相反理論之父」培利爾（Humphrey Neill）、「成長股價值投資策略之父」菲利普・費雪（Philip Fisher），以及「交易大師」艾克哈特（William Eckhardt）等，供大家作多角度思考。本部分會言簡意賅帶出大師們的投資重點，並介紹他們是如何將理念化為投資行為，讀畢後相信大家都會有所得著。

5.【街頭智慧篇】

有些時候，主流的投資工具或方法未必夠用，相對「冷門」的知識，例如：如何利用「蟹貨區」避開摸頂、以「ADL」預測大市動向，以及用「量比」檢查短線走勢等小工具。如果能夠把一些非主流的街頭智慧融合至實戰，作出有效的「補丁」，你的投資技術將會變得更全面。

6.【簡易工具篇】

這部分是一般投資書少有提及的內容，就是手把手地教你如何利用網上的免費資源，查詢個股的基本資料、同業數據比較，及利用技術工具進行科學分析。投資者要真正「做功課」，絕不能單靠閱讀報章新聞或專家推介的資料，你一定要親自發掘有用的深度資訊，從基本面、技術面及消息面作出全面解讀，這樣才能將吸收到的財經知識，有效地應用至實戰之中，助你輕鬆獲利。

設定全方位投資組合

攻守兼備的投資組合必須具備長線、中線及短線股份的配套，因此本書的上半部分，是針對挑選不同持有期的股份而編排，為方便大家快速查閱，各位可按情況重點閱讀相關內容：

- **長線股（持有期：1.5年至5年）**：整個【價值投資篇】、【入市攻略篇】有關「收息股」、「國策機遇」、「宏觀面」和「行業板塊」的文章。

- **中線股（持有期：0.5年至1.5年）**：整個【價值投資篇】、【入市攻略篇】有關「優質爆升股」、「國策機遇」及「中期報告」的文章，以及【趨勢交易篇】有關「技術分析」、「撈底」、「保力加通道」及「買入訊號」的文章。

- **短線股（持有期：數天至0.5年）**：整個【趨勢交易篇】、【入市攻略篇】有關「熱炒板塊」、「優質爆升股」及「大行報告」的文章。

- **現金：保留一定分量現金的原因在於：**
  1. 適當的時候買入平價股票「撈底」；
  2. 買入一些比之前買入價低的股票（俗稱「溝貨」），以降低平均成本價；
  3. 買入期權或窩輪一類的衍生工具作對沖用途。

至於後半部分的【傳奇心法篇】、【街頭智慧篇】及【簡易工具篇】主要是輔助性的強化資料，無論是長中短線都相當適用，千萬不要忽略！

下表就根據你是甚麼類型的投資者，以作出的投資組合持股比例建議：

投資組合持股比例			
	進攻型投資者	平衡型投資者	防守型投資者
短線股	50%	20%	10%
中線股	10%	30%	10%
長線股	10%	30%	60%
現金	30%	20%	20%

如果你已閱讀過前作，又或已打好穩健的股票基礎，本書將與你一同進入更高的層次，使你的選股技巧和買賣操作更加得心應手；就算你自認是股票菜鳥，本書亦能提供一個有效的入門捷徑，助你極速了解股票投資，從理論到實戰的各項重要課題！

想要突破界限，總需帶點狂想

在香港出版知識型財經讀物，是挑戰，亦是考驗，更是需要。主編財經書出身的我策劃過逾 70 本書籍，當中有不少作品都是暢銷書，並獲得不同類型的暢銷及品牌獎項。出版或撰寫每本書之前，我都會參考中港台三地出版的財經書作市場評估，希望能夠貼近讀者的真正需要，幫助他們吸收實用易明的財經知識；我亦會將內容編排得「常青化」，使讀者買了本書後，都可以不斷重溫，做到歷久常新……而筆下的三部作品——【股票投資三部曲】，當然具備以上所有特點。

不停的嘗試，不停的超越

很多時候，我們很易被自己定義的「界限」和「舒適區」所牽制，若果沒有跨出去的決心，眼界就只能永遠停留在此情此境。經過多年做出版編輯的浸淫，我開始作出更多方面的跨界嘗試，包括：做作者寫書、成為專欄作家及股評人定期分享投資心得、以獨立出版人身分推出新概念圖書系列；以及為投資教學短片做主持及講座嘉賓，推廣入門財經知識等……

由幕後走到前線，要在短時間內實現這些計劃看似有點狂想，而轉變的過程，亦時意料之外的狀況發生，但每個嶄新的開始，最終都為我帶來了超乎預期的收穫。我很感謝一直陪伴及幫助我前行的家人和朋友，你們的相伴，比我獲得的所有東西都來得重要和珍貴。我亦不會忘記那些迫使我面對改變的人，因為正是他們的出現，才成就了今天的我。

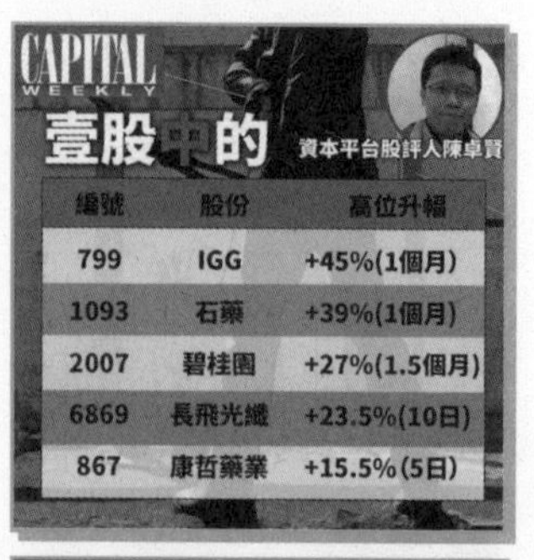

編號	股份	高位升幅
799	IGG	+45%(1個月)
1093	石藥	+39%(1個月)
2007	碧桂園	+27%(1.5個月)
6869	長飛光纖	+23.5%(10日)
867	康哲藥業	+15.5%(5日)

以股評人身分，在財經雜誌及網上平台撰寫專欄，並以極高命中率，多次成功預測爆升股。（圖片來源：Capital Weekly）

每個人對生命的追尋都不同，有人追求名，有人追求利，亦有人追求理想。但無論是哪種目標，追尋的路途少不免會遇上波折；尤其是當身陷險境，卻依然能夠承受孤獨、毋忘初心、堅守約定走下去，且最後能證明你才是正確的時候……我想，能達到這種「別人笑我太瘋癲，我笑他人看不穿」的境界，亦算得上是一種成功。

股市如人，表裡可以很不一，就像市場 2,000 多隻股份之中，總有一些衰股是需要避開，而人群中亦要小心偽善者一樣；除非你自問直覺高超，可以一眼看穿人事物的本質，並立刻作出正確的應對，否則務必要細心觀察、掌握各方面的資訊，從各項細節中重組枝節、組織脈絡，才能夠看得清其真實面貌。

主持投資教學短片於網絡廣傳，甚受網友歡迎。（圖片來源：PressLogic）

在投資講座與網友見面分享心得。（圖片來源：StockChat）

要明白，任何人都只能以「有限」的認知和知識，去判斷「最大可能」的動向，而準確度的高低，則視乎所擁有資訊和技術的掌握，然後餘下的，就是耐心地等待。時間是證明真偽的最佳好友，無論表象是如何包裝或掩飾，終有一天，都會長出真相的花果——這點跟價值投資的理念是異曲同工。

【股票投資三部曲】的誕生

我撰寫的第一本書，是 2016 年 11 月出版的《股票投資 All-in-1》，主要是從新手入門的角度，說明各種股票知識的基礎及應用，包括：資金管理、宏觀因素、選股策略及買入時機等內容。這本書亦是我由幕後協助作者出版的編輯，轉型至作者的第一本個人著作。有賴讀者朋友們的支持，銷量成績超乎預期，現時已加印至第六版，並入圍了「香港金閱獎」。

第二本是《從股壇初哥，到投資高手！》，2017 年 9 月出版，這是對我很有紀念價值的作品，因為這本書的作者除了我，還包括另外三位以往曾與我合作過的作者。雖然都是共同合力出書，但這次我不再站在他們的背後，而是和他們一同在前線面對讀者大眾，推廣財經知識。

由於這本是我們四位作者針對各自的看家本領而撰寫，所以內容非常多元化，包括：交易心理、基本分析、技術走勢、價量研究、行業選股、事件驅動、拆局思維、沽空技巧，屬於市場罕見難得的財經作品，加上作者陣容強大，甚有「復仇者聯盟」的味道。所謂「團結就是力量」，這本書的銷量成績也十分出眾，同樣已加印至第五版，且長期高踞香港書店暢銷榜的位置。

「香港金閱獎」
入圍作品——
《股票投資 All-in-1》

來到大家手上的正是第三本書，若有細讀到前面的【導讀】，會發現今次的內容是比較側重選股及獲利技巧，而且實戰操作性更強，脈絡上會針對頭兩本著作的基礎內容，作一個更全面、更有系統的投資藍圖。若要比喻【股票投資三部曲】各自的功能，第一本好比是令你成為「標準投資者」的骨幹，第二本是助你晉身「專業投資者」的配件，而今本書就是讓你進化為「成功投資者」的驅動能源了。

「出版界復仇者聯盟」
經典合著——
《從股壇初哥，到投資高手！》

要成為獨當一面的投資者，當然絕不能單靠這套【股票投資三部曲】，但我相信，這套書已收錄了充足的知識和技巧，為你打好根基在股市上獲利。如果本套書對你有所幫助，希望你會推介給更多朋友閱讀，因為內容絕對是歷久常新，經得起時間的洗禮。

【股票投資三部曲】第三本
《只賺不賠小股神》

始終在香港生活，無論你是否活躍的投資者，都需要對股票投資有一定認識，因為這門知識絕不是純粹的金錢遊戲，而是結合了科學、心理和靈感的學問；加上要追趕通脹，只靠工資維生，都是一種頗大的風險。希望透過我的文字、經驗和知識，能夠在適當的時候，為你的投資道路帶來一定的幫助，而這亦是我撰寫財經書的最大願景。

建立嚴謹的思考模式

投資是很需要嚴謹的邏輯思維，所以想介紹一個我最愛而名為「B-A-R-A」的思考模式，即是：相信（Believe）> 假設（Assume）> 重建（Rebuild）> 發展（Advance）的過程：

- **相信（Believe）**：當我們提出某個論點時，一開始總是基於某些既有的信念和觀念，即是你對某些人事物的原始理解而出發，其中包括一些很片面的五官感覺、直覺及經驗知識等。

- **假設（Assume）**：但「耳聽七分假，眼見未為真」，真相總易被幻象所蒙蔽。 同樣地，既有的信念在現實中也未必完全適用，不同場合可能會出現不同情況，就如水在恆溫是液態，但在攝氏 0 度以下是固態一樣，我們不可能認定水永遠是以液態形式出現。如果我們硬要將同一信念投射到任何場合都適用，那麼之後推導出的論點，很可能一開始就已經出錯。所以我們必須製訂一些合理假設，去質疑我們的信念是否正確。

- **重建（Rebuild）**：如果透過不同假設和可能性，進行各種仔細的觀察和推敲後，發現原始信念跟現實情況確實是有所出入的話，這時候，我們就必須根據真實畫面，去重建、調整我們的信念，轉變的過程可能會很痛苦，但這亦是「斷捨離」的重要一步。

- **發展（Advance）**：調整過後，我們就可進一步將全新的觀念套用及延伸，把原來的論點勾勒至更貼近現實的畫面，並作出更完整、更宏觀及更準確的判斷和預測，從以作出更精密的布局。

以上的思考模式，無論在股票投資、人際關係或是生活的方方面面，希望都能為各位帶來一定幫助，大家不妨作個參考，靈活運用於人生之中。

最後，感謝媽媽、爸爸和婆婆對我一直的支持、照顧及體諒，沒有你們的出現和相伴，絕不會造就今天的我。我會繼續努力的！

陳卓賢（Michael）

目 錄

價 值 投 資 篇

趨勢交易篇

入 市 攻 略 篇

傳 奇 心 法 篇

街頭智慧篇

簡易工具篇

價值投資篇

「長期投資」是巴菲特的成功秘訣？

從自己的「能力圈」著手

人的一生，大部分時間都在工作中度過，當長年累月地在某行業工作，並與相關公司打交道，那麼我們對這行業內情的熟悉度，是很多分析員、股評人都無法相比的，而這正是小投資者的優勢。「股神」巴菲特很擅於在自己的「能力圈」內尋找投資機會，例如《華盛頓郵報》的潛力，就是他當「派報童」時發現的。

巴菲特的第一份工作，是 13 歲時派送《華盛頓郵報》，他每天要走 5 條線路，共派送 500 份報紙。由於親身認識過其發展潛力和巨大市場，於是他在 43 歲那年，為此股投資了 $1,000 萬（美元，下同），持股 37 年間，賺了 $15 億，上漲逾 150 倍。就是這樣，第一份工作，造就了他的第一桶金。

除「工作」外，巴菲特還把「生活」和「交際」涵蓋在能力圈之中。「生活」方面，自小就喜歡喝「可口可樂」的他，早就發現這是多麼暢銷和賺錢的產品，於是在 1988 年把握機會、低位入貨，一口氣買進 $12 億「可口可樂」的股票，現時已升值逾 $100 億。至於「交際」，向來交遊廣闊的巴菲特，就是在一場哥爾夫球友誼賽中，認識了美國運通 CEO；交流心得後，決定大手買入該股，持股 11 年，贏利高達 $70 億！

即使你的本金未必如巴菲特般豐厚，但亦可以運用這套投資哲學，多加發掘自己專屬的能力圈，觀察生活的點點滴滴，並配合往後所介紹的基本分析重點，相信將可找到屬於你的心水好股！

回報要大，持股時間要長？

從以上故事也會發現，巴菲特的持股時間相當地長，其背後邏輯就是：「當股價暫時跑贏或是跑輸業務表現，部分股東無論是賣是買，或許會從買賣對家手上賺得更多。但長遠來說，股東的整體收益，必定會與業務收益相對等。」意思是，雖然錯覺（股票的短暫價格）經常偏離現實（企業的內含價值），但長線一定是走向現實的。

投資包含了兩個不同的市場：一邊是「真實市場」，龐大的上市公司互相競爭，真金百銀地製造及銷售真實的產品，如果他們經營有道，就可以賺取真實的盈利，派真實的股息。另一邊則是「期望市場」，這裡的價格並非以銷售的毛利或利潤來決定；短線而言，只有在市場預期升溫時，股價才會上升，而不一定要基於銷售、毛利或利潤上升。但注意的是，期望市場並非只為活躍投資者的預期而生，也關乎投機者的預期，他們會嘗試推測投資者對於市場上每項資訊的想法及行動。

所以巴菲特就認為：「對於幸福婚姻而言，選妻重要，伴妻亦很重要：而對於成功的投資者，選股和持股同樣重要。」選一隻好股無法保證獲得高額回報，你還需要耐心地持有，可能是幾年、十幾年，甚至幾十年。要回報愈大，持股時間就要愈長，而長期投資，就可減少金錢和精神上的損失。

長期投資的好處	
1 **減少摩擦成本**	股東最終獲得的利益，一定是小於公司資金的積累，主因就是摩擦成本，其中最常見的就是「交易手續費」。大部分投資者無法賺到足夠多的回報，是由於交易過度頻繁，累積了昂貴的交易費用，變相減少了總體回報。
2 **避免被大戶影響**	大戶擁有雄厚資金和良好信息是不爭的優勢，他們的資金進出，往往對股價產生嚴重的衝擊，散戶稍有不慎，隨時會被嚇怕「震走」！長期投資，正好讓你避免受股價一時升跌的影響，造成情緒化的判斷失誤；更理性地根據股價和價值的關係，適時買進，酌情賣出。

無視短期虧蝕，讓長期投資成功

另一方面，如果我們因出現短期虧蝕而改變長期投資策略，亦屬於愚蠢行為，應該徹底戒掉。因為即使強如「股神」巴菲特，他買股後「坐艇」的機會亦高達90%，但最終，這些投資為他帶來了豐厚的回報。

根據《投資藝術》一書的統計研究，股票的短期風險無疑是高於債券，但隨著持有期增加到15年，股票的風險，就落到了固定收益資產之後；經過30年後，股票的風險更低於債券風險的3/4。隨著持有期的增加，平均股票收益率風險下降的速度，將近是固定收益資產收益率的兩倍，這亦是長期投資的優勢。

如果用短期虧蝕來衡量自己的投資價值，就會迫使自己去征服短期市值的波動，這不僅是增加成本（如交易費），更會提高投資的錯誤率。同時，你可能會改變長期投資的原則和策略，令長期目標半途而廢。

總之，長期投資能讓我們避免很多不必要的損失，極大地擴展了我們的利潤空間。因此價值投資的真諦，就在於耐心一點，長期持股，不要單靠「民間消息」而賣掉持股、轉換別股，而要學股神般「放長線、釣大魚」！

有「安全感」的企業是投資首選？

當了解到巴菲特的投資心態後，下一步就要系統地選出值得投資的股票。有人說，談戀愛是需要安全感的，但股票投資何嘗不是？當決定跟一隻股票「開始」前，都應檢查該企業是否足夠「安全」。要定義「安全」，不外乎買了不會賠錢，或買後不會提心吊膽，而透過財報分析企業的基本面，則是最有效快捷的方法。想極速了解它是否給予你足夠的安全感，就要關注 5 大項目：

1. 固定資產（非流動資產）規模

在愛情中，是否「有樓就有安全感」就見仁見智；但擁有雄厚資產的企業，就肯定是最值得散戶投資的理想對象，因為固定資產的規模，正是衡量公司實力和安全度的直接表現。評估固定資產時，千萬不要忽略隱性資產（如地皮、房地產等），因為公司的實際資產價值往往都會高於其賬面價值。舉個例，當本土貨幣升值，地皮等固定資產都會升值，因此公司的淨資產亦會上升，所以外圍因素對隱性資產的影響，都要考慮在股價之中，分析有否被「低估」。

2. 經營效率

營業額（又稱收益）可顯示企業的規模大小，及經營實力的強弱，但就不能表示其盈利能力。除直接看營業額的數字外，我們還可以簡單計算「總資產周轉率」，以進一步了解總資產管理的效率，以判斷企業的營運能力。

總資產周轉率 = 營業額 / 總資產

以下為本集團過去五個財政年度之業績及資產與負債概要，乃摘錄自經審計之財務報表：

	二零一七年 人民幣千元	二零一六年 人民幣千元	二零一五年 人民幣千元	二零一四年 人民幣千元	二零一三年 人民幣千元
收益	92,760,718	53,721,576	30,138,256	21,738,358	28,707,571
稅前溢利	12,773,961	6,203,943	2,874,805	1,943,305	3,304,182
稅項	(2,038,572)	(1,033,755)	(586,143)	(494,177)	(623,934)
本年度溢利	10,735,389	5,170,188	2,288,662	1,449,128	2,680,248
歸屬：					
本公司股權持有人	10,633,715	5,112,398	2,260,529	1,430,588	2,663,136
非控股股東權益	101,674	57,790	28,133	18,540	17,112
	10,735,389	5,170,188	2,288,662	1,449,128	2,680,248
資產與負債					
總資產	84,980,752	67,582,836	42,292,460	37,280,150	33,599,308
總負債	(50,169,918)	(42,896,587)	(22,552,937)	(19,813,800)	(17,369,617)
權益總額	34,810,834	24,686,249	19,739,523	17,466,350	16,229,691
代表：					
歸屬本公司股權持有人權益	34,467,047	24,437,227	19,523,816	17,287,996	16,068,024
非控股股東權益	343,787	249,022	215,707	178,354	161,667
	34,810,834	24,686,249	19,739,523	17,466,350	16,229,691

營業額、總資產及總負債等數據（來源：吉利汽車（0175）財報）

基本上，這指標的大小與行業性質相關，資本密集型行業（如鋼鐵業、石油化工、電子工業等固定資本較大的產業）周轉率會較低，勞動密集型行業（如農業、林業及紡織、服裝、玩具、傢具等勞工佔比較高的製造業）的周轉率則較高。所以這指標需跟同業比較，數值愈高，代表經營效率愈高、銷售能力愈強。當然，企業亦可能以「薄利多銷」或大減價方式去加速周轉率，這時也可能會削弱其盈利能力，故此要綜合判斷。

3. 擴展經營能力

要對企業進行成長性分析，可善用「營業額增減率」。即是以本期營業額跟上期營業額作比較，又或以本期「每股營業額」跟上期「每股營業額」作比較，兩者都可以看出營業規模的發展趨勢。而所謂「期」，可以是上月和本月比較、上季跟本季比較，這就叫「環比」；而上年跟本年同月／季的比較，則是「同比」。這些字眼在財經新聞會經常遇到。

如果公司的營業額逐月、逐季或逐年增加，並將部分收益再投資於擴大生產經營，又或以融資方式獲取資金去擴大經營規模，則說明公司的產品獲得消費者支持，屬於可持續發展的經營模式，甚至可進一步擴展其市場佔比，增加其市場的競爭力。

但要注意的是，營業額高並不代表盈利高，萬一營業額的升幅追不上「銷售成本」的升幅，則會影響其盈利能力（詳見〈如何評估企業的「盈利能力」？〉一文），這時就不可以胡亂用收益擴展經營規模了。

4. 資產結構

公司的「總資產」由「股東權益」及「總負債」組成，而企業的償債能力分短期和長期，其中測量長期償債能力的重要指標是「資產負債比率」。「負債比率」愈高，投資風險就會較高，一般高於 65% 就算是進入危險範圍。

總資產 = 股東權益 + 總負債

資產負債比率 = 總負債 / 總資產

至於短期償債能力，主要是分析資金的流動狀態，最重要的指標是流動比率（Current Ratio）。流動比率愈高，代表短期償債能力愈強，但過高的話也可能是資金浪費的現象。流動比率的標準數因行業而異，多數在 1.5~2.5 都算是財務健康的企業；若果小於 1，則意味有機會出現短期償債能力的問題。

流動比率 = 流動資產 / 流動負債

流動資金及財務資源

於二零一七年十二月三十一日，本集團的流動比率(流動資產／流動負債)約為1.06(於二零一六年十二月三十一日：1.16)，以本集團總借貸(不包括貿易及其他應付款項)比總股東權益(不包括非控股股東權益)來計算的本集團資本負債比率約為3.8%(於二零一六年十二月三十一日：9.2%)。於二零一七年十二月三十一日，應收款項(尤其是應收票據)增加，乃(a)主要由於本集團尤其在本年度第四季度(即汽車行業之傳統銷售旺季)之內銷強勁，且本集團在該期間收取大量客戶應收票據；及(b)鑑於當前低息環境及強勁的淨現金水平，本集團於二零一七年內大部份時間並未選擇在無追索權下貼現此等應收票據，而選擇持有該等票據直至到期。此外，為確保

流動速率數據
（來源：吉利汽車
（0175）財報）

借錢進行經營是常見的企業策略，但贏利的同時風險亦大。例如，當市道好、利潤大大高於利息的情況下，借錢經營可以增強企業的營運及擴張能力，繼而再提高利潤及股東權益；但當經濟轉壞、市場競爭加劇，導致財務出現虧損時，借錢經營則會大幅降低股東的投資回報，投資這類企業就會得不償失。

因此，一間企業即使營運狀況良好，但如果資金結構不合理、償債能力差的話，不但無法保證企業能夠獲利，甚至會惡化經營狀況，甚至破產；而投資者不但無法獲取更多股息，甚至可能血本無歸！尤其是毛利率比較波動的周期性行業，選擇時更加要謹慎。

一個人向銀行借錢，
一係賺更多錢，一係傾家蕩產。

5. 上市時間

雖然一個人是否成熟，跟年齡未必有直接關係；但「股神」巴菲特就認為，投資至少已上市 10 年的企業會比較安全。因為這會讓投資者有足夠時間看清該企業管理層的底細、財務及經營發展的變化，這有助更易評估長遠的投資價值及降低投資風險。

各位或擔心以上數據會很難查找，其實【價值投資篇】提及過的公式，當中所需的數據基本上都可從兩種途徑獲得：

(a) 到聯交所「披露易」網站，輸入相關股份，下載季度或年度財務報表。

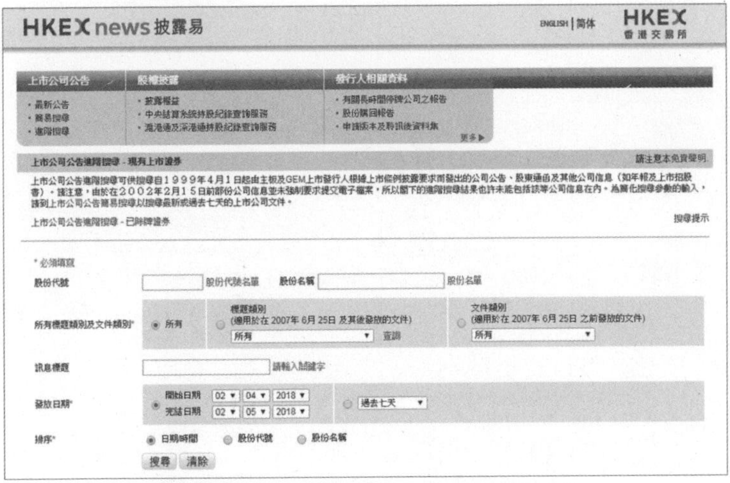

聯交所「披露易」網址：https://goo.gl/C574XX

(b) 到免費網上報價網站查詢（詳見【簡易工具篇】的〈如何查閱個股「基本資料」？〉一文。）

說到底，要在云云 2,000 多隻香港上市的公司中，挑選出具有安全感的股票絕非易事，因此以下會按常見的行業板塊，精選一些筆者認為是比較放心投資的港股供大家參考，而部分更會放進筆者的監察名單之中。但要注意，有安全感的企業不代表隨時都可買入，哪些時候才是理想的買賣時機，則需進一步學習往後【趨勢交易篇】及【入市攻略篇】提供的方法。

各行業「安全港股」精選

行業	股票	行業	股票
石油	中海油（0883） 中石化（0386） 中石油（0857）	天然氣	昆侖能源（0135） 新奧能源（2688） 中國燃氣（0384）
煤炭	中國神華（1088） 兗州煤業（1171）	金屬	紫金礦業（2899） 中國黃金國際（2099） 中國宏橋（1378） 洛陽鉬業（3993）
半導體	中芯國際（0981） 華虹半導體（1347） ASM PACIFIC（0522） 紫光控股（0365）	紙業	玖龍紙業（2689） 理文造紙（2314）
醫療 醫藥	中國生物製藥（1177） 石藥集團（1093） 藥明生物（2269） 國藥控股（1099） 金斯瑞生物科技（1548）	工業	濰柴動力（2338） 中國龍工（3339） 中聯重科（1157） 信義玻璃（0868）

各行業「安全港股」精選

行業	股票	行業	股票
汽車及零件	吉利汽車（0175） 長城汽車（2333） 耐世特（1316） 天能動力（0819）	家電	海爾電器（1169） 創維數碼（0751） 海信科龍（0921）
紡織及服裝	申洲國際（2313） 安踏體育（2020） 李寧（2331） 江南布衣（3306）	食品	華潤啤酒（0291） 中國旺旺（0151） 維他奶國際（0345） 萬洲國際（0288）
化工	東岳集團（0189）	珠寶	周大福（1929） 六福（0590）
零售	高鑫零售（6808）	餐飲	大快活（0052）
濠賭	銀河娛樂（0027） 金沙中國（1928）	交通運輸	港鐵公司（0066） 中國國航（0753） 浙江滬杭甬（0576）
電訊	香港電訊－SS（6823） 中移動（0941）	公用	中華煤氣（0003） 港燈－SS（2638） 中廣核電力（1816）
銀行	滙豐控股（0005） 建設銀行（0939） 郵儲銀行（1658）	保險	中國平安（2318） 中國太平（0966） 友邦保險（1299）
券商	港交所（0388） 中信証券（6030）	地產	碧桂園（2007） 中國恆大（3333） 融創中國（1918）
建築	海螺水泥（0914） 金隅集團（2009） 中國建材（3323）	手機設備	瑞聲科技（2318） 舜宇光學（2382） 比亞迪電子（0285）
5G	長飛光纖光纜（6869） 中國鐵塔（0788）	手遊及軟件	騰訊（0700）、IGG（0799） 金山軟件（3888） 金蝶國際（0268）

股王都具備「護城河」和「收費橋」？

對巴菲特來說，旗下企業巴郡（Berkshire Hathaway）絕對是「價值投資」的實戰場，其中可口可樂、寶潔、美國運通等，都是他早年發掘出來，並持續增長至今的「股王」；這些企業的特色，是擁有幾近獨佔市場的「護城河」和「收費橋」。讀者不妨參考以下兩大準則，看看在港股之中哪些具有成為股王的潛質。

甚麼是「護城河」？

很多人都誤會，巴菲特只是靠研究財報數據就可找出股王，但如果真的單靠數字就可以成為股神，不就所有數學家都會是股神嗎？沒錯，透過財報數據，的確可以了解企業的財務狀況，預測未來營收；但世界趨勢不斷在變，單靠歷史數據分析仍是不足夠，我們必須加入「護城河」的概念，才可確保企業未來獲利的穩定性與成長性，從而保障我們的投資收益。

每個企業都有屬於自己的護城河，但有些護城河卻不夠寬，就容易被對手搶佔市場。與競爭優勢不同，護城河是更防禦性的，好的競爭優勢表示企業能很好的擴展市場，但不代表能有效阻止競爭者進入市場。《巴菲特的護城河》一書就提出了 4 項「護城河」的特點：

「護城河」的 4 大特點	
專屬無形資產	包括專利、品牌和專營授權。
客戶黏性度高	客戶如離開該產品，需要高昂的轉換成本（包括金錢、時間和社群）。
網絡競爭力強	網絡銷售的特點在於信息和客戶集成，擁有比有型市場更強大的潛力和銷售能力。
成本優勢明顯	擁有低成本的製作流程、有利的自然地理、特殊資源和相對大的市場。

甚麼是「收費橋」？

相比「護城河」，「收費橋」屬於進取型的贏利尖刀。巴菲特認為有兩類企業擁有「過橋收費」的特點，分別是：生產使用率高但耐久性短的產品（如可口可樂），以及提供大眾和企業都持續需要的重複性消費服務（如美國運通信卡）。

以可口可樂為例，它是一家「廠商」，是家傳戶曉的消費性品牌；所以「商家」（如超級市場）必須銷售它的產品，以維持基本的營業量。對普通品牌來說，由於市場有不少生產同類產品的廠商，所以商家就可以貨比三家，向廠商壓低進貨價格，以賺取更大利潤；但可口可樂情況就不同，因為只有一間廠商生產，因此商家並沒有壓價的機會，而價格優勢是屬於廠商，換言之，爭取最大利潤的主權在於廠商而非商家。

另一方面，由於很多商家都需要可口可樂這產品，但市面就只有一間廠商供應貨源，廠商即使向所有商家收取同一價錢，但商家們獲取貨品後，也會出現割價銷售的競爭情況，因此這類價格戰即使會削弱商家們的利潤，亦無害於可口可樂這廠商的利益，可口可樂永遠能立於不敗之地。

因此「收費橋」的重點在於，當消費者需要一個獨特品牌的產品，而市場就只有一間廠商生產該產品時，商家們要從消費者賺取銷售這產品的利潤，就必須經過廠商這唯一的「橋」，並付出必要的「通行費」。

從「技術優勢」尋找次等股王？

讀畢上篇文章後，大家能否找出哪些企業具有「護城河」或「收費橋」這兩大神器呢？現實歸現實，這類企業在世間極之罕有，即使有，現時股價可能已不便宜，非一般投資者可輕易入場。又或許，有些新經濟企業是擁有成為股王的種子，但要耐心地等待其成長至「完全體」也非易事。

既然世事無完美，退而求其次亦是可行的選擇，我們可投資一些身處行業中具有較高市佔率，又或明顯帶有技術優勢的企業，作為「次等股王」的目標。以下精選了部分雖然非主流，但在個別行業卻具以上特點的龍頭企業，給大家多個選擇：

1. 氫燃電池首進政府報告，
濰柴動力（2338）布局領先

氫燃料電池產業是2019年兩會的重點主題，當時就提出加大相關技術投入、提升戰略地位、完善基礎設施及補貼確保等。由於氫燃料屬於零排放、無污染的新能源，比起純電動車，氫燃料電池車則具有高功率密度、續航里程長、加氫時間短的優點，符合李克強在政府報告所指，要實現節能減排、推進藍天保衛戰、促進新興產業發展的方針，而這亦是氫燃料電池產業首次被寫進報告之中。

同年1月初，《中國證券報》亦報道內地氫燃料電池汽車有望年內正式實施「十城千輛」推廣計劃，性質好比十年前的電動車推廣思路，料氫燃料電池概念股亦會是未來的投資熱點。然而現時氫燃料電池產業在內地的發展則相對落後，當中走得較前的企業是濰柴動力（2338），該集團近年已開始布局，包括：

▶ 以4,800萬英鎊收購英國錫里斯（Ceres Power）20%的股份，與其在固態氧化物燃料電池（SOFC技術）領域展開全面合作，首期合作將聯合開發氫燃料電池用於電動客車增程系統，計劃2019年可實現批量生產。

▶ 以1.64億美元認購全球氫燃料電池領軍企業巴拉德動力系統公司（Ballard Power Systems）19.9%股權，成為其第一大股東，並已進入實質性業務合作階段，且根據長期供應協定，濰柴還能從巴拉德獨家購買燃料電池的關鍵技術元件——膜電極元件（MEAs）。

濰柴在氫燃料電池的產業鏈布局已領先同業，更表示計劃2021年前在中國為商用車提供至少2,000套燃料電池模組，這也是目前全球規模最大的商用燃料電池汽車部署計劃。

2. 工業互聯網爭相升級，慧聰集團（2280）顯掘金機遇

2018年起，消費互聯網紅利開始轉弱，除騰訊（0700）外，不少互聯網巨頭如阿里巴巴、小米（1810）及美團（3690）亦相繼作出組織架構的調整升級；工信部更在同年11月發布《關於2018年工業互聯網試點示範項目名單的公示》，可見政府對於工業互聯網的重視。不利的內外經濟環境將逼使中國轉向產業效率方面的提升，以尋求業務增長，長遠實是有利慧聰集團（2280）一類協調開拓產業互聯網發展的企業。

所謂產業互聯網，就是利用新零售、物聯網及大數據等技術，賦予傳統產業升級的商業模式，而慧聰集團的業務正是利用「資訊＋交易＋數據」產品及服務搭建，形成點線面的產業互聯網布局。旗下擁有三個垂直的產業互聯網平台——「買化塑」、「棉聯」和「中模國際」，分別專注於化工塑料、棉花現貨及建築模架行業物資交易，以及聚焦優勢產業的供應鏈金融服務平台「上海慧旋」。

2018年11月宣布新戰略方針的騰訊（0700），就提出未來20年將在連接人、數字內容及服務的基礎上，推動實現由消費互聯網走向產業互聯網的升級，更和慧聰集團達成在產業互聯網產品研發、服務、銷售推廣等領域的戰略合作，相信騰訊正是看中了慧聰集團作為中國領先產業互聯網集團的優勢。

3. Tesla 加快電動車產量，夥贛鋒鋰業（1772）互惠互利

為減輕中國對美汽車關稅帶來的負面影響，特斯拉（Tesla）在 2018 年於中國積極布局，包括宣布「上海超級工廠」（Gigafactory 3）計劃，預料每周可生產 3,000 輛 Model 3 電動車；並與中國最大的鋰化合物生產商贛鋒鋰業（1772）簽訂電池級氫氧化鋰產品協議，於 2018 至 2020 年間由贛鋒供應超過 5.6 萬噸氫氧化鋰，佔其電動車總產能的 20%。

除 Tesla 外，贛鋒亦有與德國寶馬和 LG 化學簽訂了訂單，在 2022 年底前交付 4.8 萬噸氫氧化鋰，相當於 100 萬架電動車電池組的產能，可見在全球電動車進程上，贛鋒處於舉足輕重的地位。而從產業前景及公司的品牌優勢上看，贛鋒擁有不菲的投資價值，是中長線佳選。

贛鋒鋰業的主業除上游的鋰礦資源提取外，還包括中游的鋰鹽加工及下游的電池回收，是中國唯一一間擁有完善一站式鋰產業鏈的企業；另一亮點是，全球首批電動車正邁入「退休期」，預料退役電池回收市場即將爆發，擁有相關下游業務的贛鋒可大大受惠。

4. 山東黃金 (1787) 技術取勝，易獲避險資金青睞

股市往往充滿風險及變數，因此選股有時亦需從資產轉移的角度考慮，例如當政治或經濟環境不穩或股市波動時，往往會以黃金用作對沖風險的工具，從以加速金價上升的機會；而從板塊角度，黃金股亦會吸引避險資金的流入。

從事黃金方面勘探、開採、選礦、冶煉和銷售的山東黃金 (1787)，擁有中國十大金礦當中的四座，加上收購了阿根廷及全南美洲的第二大金礦貝拉德羅礦的 50% 權益，具有大量的黃金資源及儲量增長潛能。按中國礦產金產量計 (以下均為 2017 年數據)，其產量達 29.4 噸，排名第一，市佔率為 6.9%，而在同業港股中，招金 (1818) 及紫金 (2899) 則位列第三及四位。

山東黃金的優勢亦不只於資源豐厚，高產量的背後屬歸因其高技術優勢：

- 旗下礦床規模大，礦體連續性好，平均黃金品位較高，因此其現金營運成本僅每盎司 682 美元，低於行業平均的 715 美元。

- 憑著優質自動化及智能控制採礦技術，亦令礦山平均貧化率及採礦損失率分別僅約 7.7% 及約 5.6%，低於行業平均的 11.4% 及 5.8%。

- 選礦加工的回收率達 94%，高於中國 83.1% 的行業平均水平。

- 垂直整合業務帶來了成本優勢，使冶煉回收率總體高達 99.9% 以上，為行業的最高者之一。

5. 坐擁「獨角獸」酷開，創維數碼(0751)被低估

最後要說的創維數碼(0751)，筆者在2018年11月時，於由Stockchat舉辦的講座曾推介過，當時股價約$1.66，在三個多月後高見$2.8。雖然升幅已不少，但從企業本質及前景去看，仍有頗大的上升潛力，所以再次簡介一下。

作為彩電龍頭之一的創維，近年與一眾彩電企業都經歷了經濟寒冬，內地銷售成績不單下滑，更受面板價格上升所拖累，令電視機製作成本增加，毛利大減；但筆者認為要分析創維的前景，並不能單從其電視機銷售量反映，而創維旗下的「獨角獸」酷開，其潛力亦值得關注，因為市場似乎仍未有將其長遠價值納入創維股價之內。

以「大內容」主打的酷開智能電視系統，近年不斷引進影視、教育、體育、遊戲等內容資源，向用戶提供所需內容，讓用戶第一時間看到自己想要的資訊；同時亦積極為合作夥伴開發OTT（over-the-top）市場，將廣告模式實在地變現獲利。要留意的是，酷開已先後獲騰訊(0700)及百度兩大科網巨頭青睞而入股，現時估值已超過95億元，但持有酷開64.3%股份的創維，現時市值卻比酷開更低，股價明顯被嚴重低估。

電視機一直被視為未來智能家居的核心和入口，雖然現時大家都是手機不離手，因為很多娛樂都可透過它去進行，但手機卻有一點是無法與電視機媲美——就是屏幕太細。無可否認，手機的確擁有隨時隨地使用的優點，但長期注視細小的屏幕，加上藍光的副作用，對愈來愈重視健康生活的現代人來說，終會意識到在家中的時候是需要有「手機」的替代品，使

用大屏(55 吋以上)電視更將成為大趨勢。

國策層面方面,工信部、國家廣播電視總局、中央廣播電視總台於 2019 年 3 月聯合印發《超高清視頻產業發展行動計劃(2019-2022 年)》,明確提出按照「4K 先行、兼顧 8K」總體技術路線,大力推進超高清視頻產業發展和相關領域的應用;加上內地「家電補貼 2.0」亦會逐步推行,直接受惠的創維,其價值回歸之日應指日可待。

為何要避開投資「一般商品型」企業？

前面已講解眾多有關「好企業」的應有特質，本文就說明一下甚麼是「差企業」。這裡指的「差」，未必是指財務數據的「差」或產品質素的「差」，而是擁有先天的不利「定位」——它就是「一般商品型」企業。

「一般商品型」企業可分為兩種，第一種企業的顧客群不是消費者，而是其他公司。由於這些公司並不像消費者般有「人性」，不會透過時間而對你的產品產生「忠誠」，因此是無法創造「客戶黏性度高」之類的護城河。相反地，顧客群是以價格和品質作為採購標準，轉換供應商是等閒事。所謂商場如戰場，如果公司跟你談人情、向你買貴價貨，那麼他們最終都會因利潤不足，而被同業競爭者擊敗，所以「無人性」亦無可厚非。

「一般商品型」企業的惡性循環

第二種企業的顧客群雖然是一般消費者，但其敗筆之處在於產品同樣相當「一般」。那麼哪些產品可歸類為「一般商品」呢？只要逛一逛超級市場、零售商場或街市，不難發現食品原料（如蔬果、肉類、稻米）、紙製品、一般金屬、木材、煤炭、天然氣等，都會在市場上面對強大競爭，並需要透過價格戰去爭取消費者的青睞，這些都可定義為「一般商品」。

所以這類企業要取得市場優勢，就一定降低製作成本，以調低價格去維持競爭力，從而增加邊際效益；但要降低成本，多數要先花錢去優化製作過程（例如買新設備、減少能源消耗、減少勞工、招聘人才），但資金有限，這時就意味要犧牲研發新產品及收購其他公司的機會成本，但這兩者其實是有助於企業的長遠發展。

然而，當每間「一般商品型」企業都這樣做的話，其實就等於齊齊「燒錢」，跟時間比賽，最終能留下來、不倒閉的兩三間企業，就可以大額瓜分市佔……但這是需要經過一段很長、很長、很長的時間。

除以上提過的行業外，要辨別「一般商品型」企業亦不難，它們的共同點就是銷售很多其他企業都在銷售的產品，且主要有以下 4 個特徵：

「一般商品型」企業特徵	
1. 利潤低且變化不斷	由於競爭大，所以要打價格戰，利潤低殘和波動是必然的結果。投資者可翻查企業近 5~8 年的每股盈利（EPS）的變動情況，如發現是變化不定，就多數是「一般商品型」企業。
2. 缺乏品牌忠誠度	所賣產品的品牌意義不大，即對消費者而言，這件產品在不同地方購買都沒有太大分別。
3. 市場有大量生產者	很多企業都有能力和資格生產該產品，意味入行門檻極低、技術含量不高。
4. 收益與無形資產無關	企業的收益主要是依賴管理層運用資產（如工廠設備、勞工等資源）的能力，而不是無形資產（如專利和商標）。

如何評估企業的「盈利能力」？

正如巴菲特所言，投資者的最大通病，就是太著眼於股價升跌，卻忽略了企業持續贏利的能力。要從股票中獲利，不外乎買賣差價或收取股息；但無論是何者，最安全的做法，就是選擇具有豐厚利潤的企業作投資。一間優秀的企業，除了要令你有安全感（盾牌），亦需要有一定的盈利能力（利劍），因為攻擊就是最好的防禦。剛才提過，營業額是無法透視企業的盈利能力，所以我們會用 4 種財務指標去評估：

1. 毛利率

毛利率 = 毛利 / 營業額

毛利就是「營業額」扣減「銷售成本」後的數字，毛利率愈高，代表一間公司盈利能力愈強。投資者須按年比較毛利率是否有改善，如果每年都有上升或持平，都可考慮作為投資，一般而言，最少都要看近 5 年的數字變化。但即使營業額上升，如銷售成本升幅更大，則毛利率仍會下調，這務必注意。

2. 經營利潤率

經營利潤率 = 經營利潤 / 營業額

經營利潤是根據毛利，再扣減公司的燈油火蠟、市場推廣等開支所得出。基本上，經營利潤是必然少於毛利；從經營利潤率，可以看到銷售成本以外，公司日常開支是否過大，而影響利潤的增長。

3. 純利率

純利率 = 淨利潤 / 營業額

純利率（亦可稱為「淨利潤率」），即將經營利潤加入聯營公司、合資企業的收入，同時扣除少數股東權益及稅項，就是股東應佔利潤。而很多時候，聯營公司的收入未必是經常性，所以會左右著利潤的按年變化。

財務摘要

截至十二月三十一日止六個月	二零一七年 人民幣千元	二零一六年 人民幣千元	增加 %
財務摘要			
收入	1,653,998	1,310,405	26.2%
毛利	1,035,352	843,475	22.7%
經營利潤	426,929	321,671	32.7%
淨利潤	311,890	227,932	36.8%
經調整淨利潤[1]	311,890	243,628	28.0%
經營活動產生的現金流量淨額	388,773	264,395	47.0%
每股基本盈利（人民幣：元）	0.61	0.54	
每股稀釋盈利（人民幣：元）	0.60	0.52	
財務比率			
毛利率	62.6%	64.4%	
經營利潤率	25.8%	24.5%	
淨利潤率	18.9%	17.4%	
調整後淨利潤率	18.9%	18.6%	

毛利率、經營利潤及純利率數據（來源：江南布衣（3306）財報）

以上 3 項利潤率都各司其職，投資者可從相關指標，發現公司在哪些方面是成本開支較高，哪部分表現最有效益，而影響整體盈利能力。

4. 股東回報率

眾所周知，巴菲特選股總會考慮「股東回報率」（ROE），因為這指標可反映公司運用股東資源去賺錢的效率。理論上，ROE 愈高，獲利能力愈佳；不過，ROE 高的公司，亦可能是高負債的公司，投資者務必注意。

股東回報率 = 淨利潤 / 股東權益

The Group	本集團	31 December 2017 2017年12月31日	31 December 2016 2016年12月31日
Current liabilities	流動負債		
Current bank loans	短期借款	495,013,000	644,712,505
Non-current bank loans due within one year	一年內到期的長期借款	2,000,000	242,157,398
Non-current liabilities	非流動負債		
Non-current bank loans	長期借款	481,290,000	869,578,800
Total debts	總債務合計	978,303,000	1,756,448,703
Less: cash and dash equivalents	減：現金及現金等價物	1,799,513,559	1,427,575,026
Adjusted net debt	經調整的淨債務	(821,210,559)	328,873,677
Shareholders' equity	股東權益	5,485,828,178	4,423,548,084
Adjusted net capital	經調整的資本	5,485,828,178	4,423,548,084
Adjusted net debt-to-capital ratio	經調整的淨債務資本率	(15%)	7%

股東權益數據（來源：長飛光纖光纜（6869）財報）

為何 ROE 高都有機會是不良現象？由於股東權益（又稱淨資產）是資產減去負債所餘下的部分，所以負債愈高，股東權益會愈細，導致 ROE 都會愈高；結果就出現「負債高的公司會有高 ROE」的現象。如果公司借貸的目的，是項目發展需要，這當然有助長遠增長性；但負債過高的話，萬一出現金融風暴式的股災或黑天鵝事件，同樣會很容易出現破產危機。

因此當找到高 ROE 的公司，仍需配合「資產負債比率」作進一步確定。如果比率長期處於 65% 以上，管理層又沒好好處理這問題的話，暗示公司大部分的生財資產都是借錢買來的，所以每年都需把大筆盈利還債和付利息。當未來進入加息周期，這都會大大加重公司的利息開支，直接加重負債壓力，影響業績表現。

除了透過以上的財務比率了解一間企業的盈利能力外，目測一些外圍現象都不失為省水省力的方法。例如觀察該企業的每月營業結算是否準時、財務報告的公布是早是晚、股東大會是否召開得及時等，這些看似微不足道的小事，其實都能側面反映企業的經營效率；根據經驗，能夠較高效率地處理例行事務、領先同業公布財務報告的，往往都是業績較好的企業。

巴菲特
為何重視「流轉率」？

魯迅說過，「時間就是生命，無端的空耗別人的時間，其實是無異於謀財害命。」同樣地，時間亦是企業的生命，主導著它的生死存亡。舉個例，假如貨品賣得太慢，就需要更長時間才可回本；又或別家公司賒賬過多，同樣意味需要等待一段日子，才能獲取應得的金錢。若有看過巴菲特致股東的信，就會發現他亦深明時間的重要，因為他很重視兩大流轉率：「存貨流轉率」（Inventory Turnover Ratio）及「應收賬流轉率」（Receivable Turnover Ratio），而操作上就多數會用上相關的流轉日數。

1. 存貨流轉率

這比率是指企業在一定時期內的銷售成本與存貨之間的比率。流轉速度快慢，除了反映採購、生產、存貨及銷售等營運狀況外，更會影響企業的償債及獲利能力。

存貨流轉率 = 銷售成本 / 平均存貨量

存貨流轉日數 ＝ 360 / 存貨流轉率

銷情愈旺，貨物流轉就愈快，即只用較少存貨就可實現很大的銷售，流轉率自然會愈高；相反地，當銷售低迷，貨物流轉緩慢，就會積累大量存貨，流轉率就會降低。所以理論上，存貨流轉率愈快對企業是愈有利的。

存貨

本集團於2017年12月31日之存貨增加7,700萬港元或17.2%至5.24億港元（2016年：4.47億港元）。存貨流轉日數增加9日至87日。這主要是由於非營運因素，例如是外匯匯兑差異（導致增加4日）以及在2017年7月收購越南業務（導致增加2日）所致。

儘管本集團跟進供應商及加盟商之存貨資料，以確保並無累積過多的資產負債表外存貨，但該等在供應商及加盟商之存貨並非本集團的法律責任。我們的系統存貨按年增加21.3%，主要為推出新年系列及春季商品預期所涉及之可移動或核心商品。管理層認為當前之系統存貨水平並不會過高，且並無打算開展大規模之清理計劃。

存貨流轉率數據（來源：佐丹奴國際（0709）財報）

公式上，降低存貨量就一定會拉高流轉率，因此分析「存貨量水平」是否合理都相當重要，但也千萬別以為流轉率高就一定是好事！巴菲特認為，如果存貨水平太低，影響銷售效率，就會不利擴大銷售；但存貨水平太高，就會佔用大量資本

（包括金錢、倉務成本），萬一市場價格下跌，更可能出現割價銷售的風險。因此分析存貨流轉率，必須結合行業性質及公司實際情況作評估。

例如，卓悅(0653)、佐丹奴(0709)和莎莎國際(0178)一類港人熟悉的零售股，存貨管理需要高度重視，尤其在銷售較次級且廉價的產品時，存貨流轉率就必須高一點。不過，存貨流轉率高或許代表很有效率，亦可能代表存貨不夠，難以滿足現有的銷售量，結果就會出現延遲交貨、產品短缺等問題，甚至流失將來的銷售收入！整體來說，擁有穩健品牌、銷售策略積極，且同時擁有實體店舖和網上店舖的零售商，最具長線的發展潛力。

2. 應收賬流轉率

應收賬流轉率是考核應收賬變現能力的重要指標，是銷售收入與應收賬款的比率。一般而言，應收賬款流轉率愈高，即收賬速度愈快，變成「壞賬」的可能愈小，因此巴菲特相當注重應收賬款水平是否合理。應收賬水平的高低和企業的銷售方式相關，理論上，現金銷售愈多，應收賬就愈少；賒銷愈多，應收賬則愈高。

應收賬流轉率 = 營業額 / 應收賬平均餘額

應收賬流轉日數 ＝ 360 / 應收賬流轉率（次數）

應收及應付賬款

本集團監控應收賬款之可收回性，以降低壞賬風險。截至2017年12月31日止年度，應收賬款流轉日數為55日，與去年相比增加1日。於年內，應付賬款流轉日數減少13日至24日。此水平與我們供應商授予之信貸期相符。

應收賬流轉率數據（來源：佐丹奴國際（0709）財報）

如果說「有圖有真相」是現代的網絡文化，那麼「有 Cash 有盈利」就是巴菲特對「盈利」的真正定義。在不影響銷售增長的情況下，應收賬當然是愈低愈好，因為企業最終需要獲得的是實際利潤，即實實在在的現金，而不是應收賬這數字的增長，所以企業能否將賬面上的盈利轉化為現金相當重要！

3. 應付賬流轉率

至於應付賬流轉率，情況就跟應收賬流轉率相反，是企業需要還款予供應商的速度，所以應付賬流轉日數是愈長愈好。因為時間愈長，意味企業可利用更多供應商貨款來補充營運資金，那麼就可減少向銀行短期借款的可能，資金壓力亦可大大減低。通常，如果該企業是行業龍頭且具有良好商譽，供應商都會提供較長的還款期，所以這指標亦可側面反映企業對供應商的議價能力。

應付賬流轉率 = 營業成本 / 期初期末平均應付賬款

應付賬流轉日數 ＝ 360 / 應付賬流轉率

應收及應付賬款

本集團監控應收賬款之可收回性，以降低壞賬風險。截至2017年12月31日止年度，應收賬款流轉日數為55日，與去年相比增加1日。於年內，應付賬款流轉日數減少13日至24日。此水平與我們供應商授予之信貸期相符。

應付賬流轉率數據（來源：佐丹奴國際（0709）財報）

操作上，我們可綜合應用以上指標去了解企業的資金壓力是否巨大。再以佐丹奴國際為例，存貨流轉日數為 87 日，應收賬流轉日數為 55 日，即是由取得存貨開始，至產品出售後貨款回籠是需要（87+55）=142 日，但應付賬流轉日數只有 24

日，即是說，佐丹奴在貨款回籠前的（142-24）=118 日就需要還款予供應商。所以企業手頭上的現金儲備是否充足（可參考財報的現金流量表有關「年終現金及現金等值結存」），以至需否向銀行作借貸，以減輕短期資金壓力，管理層在營運上都需要重點考量。

現金及現金等值之（減少）／增加	(Decrease)/increase in cash and cash equivalents	(33)
年初現金及現金等值結存	Cash and cash equivalents at the beginning of the year	1,156
現金及現金等值外幣匯率變動之影響	Effect of foreign exchange rate changes on cash and cash equivalents	27
年終現金及現金等值結存	Cash and cash equivalents at the end of the year	1,150

年終現金及現金等值結存（來源：佐丹奴國際（0709）財報）

另外，我們亦可以從「現金流量表」以下數據，計算出企業的自由現金流狀況，以觀察其財務結構是否健康。最簡單直接的公式為：

自由現金流 = 經營現金流 – 投資現金流 + 融資現金流

雖然自由現金流是正數且數值愈大就愈好，但都要了解其組成結構是來自甚麼地方為主。如果自由現金流主要來自經營現金流，代表企業能夠透過實質業務帶回現金，反映經營穩健；但如果是主要來自融資現金流（向債權人借款或要求股東供股集資之類的情況），則代表企業營運所帶來的資金貢獻不足，需多注意其財務結構和獲利模式。

想知更多關於現金流的探討，可閱讀前作《從股壇初哥，到投資高手》中〈如何運用「現金流量表」〉一文。

為何不能忽視「管理層」質素？

創業做老闆絕不容易，但做打工仔很受氣亦是事實；如想一邊做打工仔賺取穩定收入，一邊體驗做老闆的好處，最理想的做法除了正職與副業並行外，投資股票也是另一選擇。當買入股票後，你要代入自己的股東身分，無論持股量有多少，你都是公司的老闆；除了要留意所投資企業的財報數字外，更要認識所「聘請」的高薪員工——管理層，因為他們都是企業的營運「大腦」。

身為管理層，一定要懂得如何善用資源和金錢，能夠最優化分配公司資本的運用，決定了股東投資該企業的價值。例如企業在不同成長階段，銷售收入、利潤和現金流都會有不同的變化：

企業發展的 4 大階段	
階段 1	
初始期	由於要開發產品和提高市佔率，支出往往會大於收入。
階段 2	
高增長期	開始急速成長，盈利能力增強，但現金流仍未必可完全支持企業高速發展的投入資金額，所以管理層不單要保留所有盈利作發展之用，更可能需要通過發債或供股來籌集資金。
階段 3	
成熟期	企業的發展速度開始轉慢，產生的盈利超出擴展所需的現金，開始出現盈餘。
階段 4	
衰退期	企業的銷售和利潤同時下滑，但仍會出現過剩的現金流。

處於階段 3 及 4 的企業，正是考驗管理層分配盈餘的能力。當企業產出的現金流多於維持經營的資金需求時，管理層就要決定要如何分配該筆利潤。一般而言，他們會有3種選擇：

選擇 1. 再投資於企業現有業務上

將盈餘再投資未必是好事，因為如果企業不斷將多餘的現金再投資於本業，但結果只能獲得平均或低於水平的「資產回報率」（ROA），就意味著管理層無法提高企業的盈利能力，利潤回報將日益惡化，現金成為了愈來愈沒有價值的資源，企業的股價就會相應下跌。

資產回報率 = 稅後利潤 / 淨資產

選擇 2. 購買或增持成長型企業的股份

要定義一項併購是成功，最基本的是吸納新血後，能夠促進自身經營成長和完全整合的發展；同時能夠整合行業生態，減低惡性競爭帶來的不良後果（例如打價格戰，導致利潤被互相削弱）。然而，併購也未必一定是好事，因為要整合成功，必須通過眾多的人事及資源策略調配，即使未來發展值得憧憬，但也不排除出現「理想很豐滿，現實很骨感」的情況。

所以，如果企業是利用長期債務去併購其他公司時，就更需要從企業的本質考慮，主要有以下三種情況：

3 種企業併購情況	
1. 兩間同時為「消費者壟斷」企業	由於兩者都是有「消費者壟斷」企業，是次結合將產生巨大的現金流和超額利潤，從而能夠很快將長期債務清還。
2. 「消費者壟斷」企業與「一般商品型」企業合併	「一般商品型」企業為了改善自身不佳的經營狀況，將可能侵蝕「消費者壟斷」企業所產生的利潤，結果可能會拖慢清還長期債務的速度，這對「消費者壟斷」企業來說，未必是好事。
3. 兩間同時為「一般商品型」企業	由於兩者都沒有能力獲取足夠的利潤去還清債務，所以這算是最災難的結合。

選擇 3. 派發現金給股東

站在股東立場，直接收錢當然是好事；但對巴菲特來說，如果管理層願意把盈餘用於回購市場上被低估的股份，就表示他們是以股東利益最大化為準則，而不是盲目擴展業務。

巴菲特認為，回購股票所帶來的回報是雙重的，因為能夠以低於內在價值的市場價格買回股票（例如股價為 $10，但內在價值卻是 $15），這對餘下的股東來說，收益會更高。因此回購行為等同向市場發出利好訊息，從而吸引更多市場資金買入該股，股東除了可得到回購所帶來的收益外，緊接而來的就是受投資者追捧而造成股價的上升。

積極於股東大會發問

但管理層的質素未必容易被散戶完全認識，投資者要如何知道這些管理者是否失敗呢？股神的師父格雷厄姆(Benjamin Graham)就提出三大訊號作參考，這些數據都可從財報中查找：

1. 在經濟繁榮時期，對股東的投資，連續幾年都沒給出滿意的回報。

2. 銷售的邊際利潤，未能達到整個行業的邊際利潤。

3. 每股收益增長，未能達到整個行業的平均增長。

當以上訊號同時出現，很明顯是管理出了問題。實際上，股東亦可在股東大會上提出並要求解決方案；如果管理層對股東的反應敏感及重視股東的話，自然意識到合理解釋的需要，於是會迅速尋找答案，以便在受質疑時立即應對。

企業愈大，管理就愈複雜，存在的問題亦會愈多；尤其是企業的內部鬥爭問題，往往會導致管理層及股權變動頻繁，造成公司營運不穩；另一方面，如果員工本身不會自發做好本份，只懂聽從高層指示，一旦核心要員離職，整個企業就很容易土崩瓦解⋯⋯即使產品再優秀，企業都缺乏長期競爭的本錢，結果你懂的。

「PE 低」並非買入的好理由？

又講市盈率（PE）？沒錯，就算你是股壇初哥，都會聽過「PE 低就抵買」的主流說法，但本文就想說明一些關於 PE 的謬誤。對價值投資者而言，PE 高低是衡量股票價格和投資盈利關係的最常見指標，亦是反映投資回報期的工具。

市盈率 = 股價 / 每股盈利

舉一個實例，白雲山（0874）當時股價為 $30.9，每股盈利為 $1.5，所以市盈率就約為 20 倍（30.9/1.5）。其意義在於，投資者現時以 $30.9 買入該股後，到第 20 年就可收回投資的本金，而第 21 年開始，就會進入收成期。

白雲山 00874.HK (指數 | 分類)

現價	A股即時報價 ▶	升跌	
30.900		0.600	
		升跌(%)	1.980%
波幅	29.900 - 32.000		
成交量	1.22千萬股	市值	67.95億
成交金額	3.80億	每股盈利	1.520
市盈率(倍)	20.33	收益率	1.48%
每手股數	2000	52週	19.000 - 30.800

白雲山（0874）基本數據

定義上，市盈率甚有長線投資的影子，但事實上，當然只有極少數人會持股這麼多年，因此有些人會覺得用 PE 估值是有些不切實際。然而，市盈率的另一作用，其實是以社會平均利潤率（利率），去比較股市平均投資回報期。

社會平均投資回報期 = 股市平均市盈率

從經濟學角度看，市場規律會促使投資股票的平均利潤率，一致於社會的平均利潤率，即股市的平均市盈率，在長期投資下，最終會趨近於社會平均投資回報期，結果就引申出「PE 過低時就要買入，因為總會回歸合理價值」的說法。

告訴大家 PE 背後的經濟理論，無非想帶出 PE 的確有其估值作用，因為市場總會使價格走向其平衡點，但亦要留意，平衡點絕非靜態存在，而是不停地變動！所以使用 PE 時，我們要用動態發展的觀點去分析，並且兼顧企業的成長性及淨資產，否則將會冒上極大風險。

1. 成長性

普遍認為，要用 PE 分析某股是否抵買，可從兩方面入手：

(a) PE 值不高於 20，屬於抵買。

(b) 比較同業之間的 PE，PE 低於平均值就是抵買。

根據公式，由於 PE 採用的每股稅後利潤是前一年和當年的預測，但這不代表該股當年的實際盈利情況，更不能反映其成長性是如何。切記，投資就是買未來，價格便宜並不代表有前途，所以 PE 低絕非買入的理由。同樣地，PE 高亦不是不買的理由。

例如，某企業第一年的每股盈利為 $1，股價是 $22，即 PE 為 22 倍，似乎並不「抵買」。但由於這企業的成長性很好，每股盈利每年可增長 30%，所以第二年的每股盈利就有 $1.3，以 20 倍 PE 這標準計算，其股價應定於 $26。同樣地，第三年的每股盈利可成長至 $1.69，其股價應定於 $33.8。對比現時的 $22 股價，即使 PE 是高於「理想區間」，但實際上卻很有投資價值，相當便宜。

2. 淨資產

由於 PE 是股價與每股盈利的比率，所以微利企業一般都有極高 PE，因此很容易被認為是沒有投資價值，然而這想法其實是忽略了「淨資產」的重要；淨資產即扣除了負債的資產值，也可稱為「資產淨值」或「股東權益」。

假設 A 公司每股盈利只有 $0.05，現時股價是 $2，所以 PE 是 40 倍，貌似很不抵買，但原來其每股資產為 $5。這意味即使 A 公司破產遭清算，在還債後，股東每股還可以得到 $5，因此於 $2 買入此股是屬於很低風險，甚至可以獲利。

當然，操作上我們毋須真的要等待它破產才可獲利，因為不少中型及大型企業都有很強的資產實力，有時因為國策、外匯等宏觀因素，總會出現一些暫時性虧損，但這絕不代表這類企業是沒有任何投資價值；只要經歷過渡期並成功轉虧為盈，股價反彈的上升空間就會很大，因此這類股在 PE 極高之時，往往是買入的良機。

選擇周期股，要識得「逆用」PE

另外，「PE 低就抵買」的理論同樣是不適合周期股。所謂「周期股」，即跟隨經濟周期盛衰的股票，例如：汽車、房地產、水泥、建築、鋼鐵時，投資這類行業時，反而是需要逆向以上 PE 理論，即「PE 愈低，就愈不應該買」！

周期性公司在繁榮周期來臨前，盈利都會比較低，當市場預期繁榮周期即將來臨，由於投資者早已開始買入，於是股價就會上漲，結果 PE 就會比較高；相反地，在衰退周期來臨前，公司的盈利已達至高峰，而市場亦預期衰退即將出現，於是開始賣出，造成股價下跌，所以 PE 就會很低。由此可見，投資周期股時不可從正路思考，PE 高時要買入，PE 低時就要賣出。

估值成長股，「PEG」比 PE 更好用？

上文提到，PE 是比較靜態的估值指標，忽略了企業的成長性，於是英國投資大師吉姆・史萊特（Jim Slater）就在 PE 的基礎上，發展出另一種估值指標——「市盈率增長比率」（Price/Earnings to Growth Ratio, PEG）。PEG 彌補了 PE 對動態成長性估計的不足，是迅速考察市價合理性的方法。基於每年收益增長率具波動性，所以應使用企業未來 3~5 年的每股收益複合增長率。

市盈率增長比率 = 市盈率 / 每股收益複合增長率

假設股票 A 現時的 PE 為 20 倍，其未來 3 年的每股收益複合增長率為 20%，即此股 PEG 為 1，代表市場賦予股票 A 的估值可充分反映其未來業績的成長性。如果 PEG 大於 1，則此股價值被高估，或市場認為它的業績成長性會高於預期。成長型企業的 PEG 都會高於 1，意味投資者願意給予其高估值，憧憬未來業績會快速增長。如果 PEG 少於 1，則是市場低估了其價值，或認為其業績成長性較預期差。

問題來了，究竟要如何計出未來的「每股收益複合增長率」呢？事實上，要計算未來數據絕非易事，一般需要配合複雜的數學模型去預測，這是專業投資機構的優勢。但作為散戶，也有簡單方法去處理，就是從近幾年的歷史數據入手，計出平均的每股收益複合增長率，並視之為未來的「每股收益複合增長率」。舉例：

年份	每股收益（$）
2015	0.89
2016	1.45
2017	1.98
2018	2.58

那麼 2015~18 年的每股收益複合增長率

= (2.58/0.89)^1/3 – 1 = 0.42。

我們就可以 0.42 代之為「每股收益複合增長率」去計算 PEG 了。

要緊記，由於這項數據是基於過去的成長性去計算，我們是假設了其平均成長率會持續下去；但萬一當時或之後的技術出現某些重大突破，那麼這數據就未必有足夠的代表性了。所以，如何得出「準確」的每股收益複合增長率，正是考驗 PEG 有效性的重要因素。

PEG 其實都解釋了不少市場現象，有時我們會發現一些基本面很好，估值卻很低的企業；但一些業績平平，甚至出現虧損的企業，就擁有很高的估值，而且更不斷提高，這時就可以用 PEG 去解釋。前者雖然是業績優良，但可能已經失去成長性，用 PEG 衡量可能已經不便宜，投資者不再願意給予它更高的 PE；而後者現時雖然盈利不高，但預期業績將突飛猛進，而且可保持高成長性，這時市場就願意不斷提高他的估值。

新經濟股要考慮用 PEG 分析

由此可見，PEG 尤其適用於成長性較高的新經濟行業，如人工智能、大數據、AR、VR、OLED、區域鏈、電競設備等科技產品，但就不適用於成熟行業、倒退而未見轉型曙光的夕陽行業，以及投機炒作過度的行業。

例如，中芯國際（0981）和華虹半導體（1347）一類的半導體股，都屬於增長型股票，所以 PE 和 PB 通常比較高，增長率和利潤率也高於整體市場。投資者應多注意其 PEG 比率，看看一隻股票的股價相對預測增長率是否合理，另外亦可選擇 PEG 比率低於競爭者的半導體股票。半導體企業通常背負比一般公司高的負債，因此應選擇負債不會過高，且和其他半導體公司大致相同的企業，都會是比較安全。

股神師父
為何愛用「PB」估值？

PE 雖然被投資者廣泛重視，但它的「同姓」兄弟「市賬率」（PB）卻經常被輕視。PB 是股價與每股淨資產（NAV，又稱「資產淨值」）的比率，是衡量市場願意以淨資產的多少倍價錢去購買該淨資產，例如 PB 是 1.2，代表市場願意以 $1.2 去買入企業現時價值 $1 的淨資產。PB 愈高表示淨資產的潛在價值愈大，投資者願意付出更高的溢價去購買。因此用 PB 估值的關鍵，在於對淨資產真實價值的把握。

市賬率 = 股價 / 每股淨資產

港/A股 ▼ 01113 ▸ 長實集團 10日高
(01113.HK)

收市價(港元)	升跌
55.500	+0.450
	升跌(%)
	+0.817%

均價	55.383
市盈率(倍)[5] /TTM[6]	5.115 / 6.719
收益率[7] /TTM[8]	3.423% / 3.514%
市賬率(倍) /資產淨值[9]	0.634 / 87.594
量比 /委比	0.603 / -3.738%
市值	2,049.84億
每手股數	500
最近派息 更多派息資訊 »	
除淨日	2019-09-02

創維數碼（0751）基本數據

與 PE 及 PEG 一樣，判斷 PB 的合理倍數，可參考其歷史平均水平和行業平均水平。在確定合理的 PB 倍數後，再乘以該企業的每股淨資產，即可得出其合理股價。如果是高於市價，說明股票被低估，可以買入；低於市價，則會高估，應該賣出。

股神的師父格雷厄姆（Benjamin Graham）覺得，PB 的重要性絕不下於 PE。他指出，當企業的過去紀錄和未來前景愈好，股價與賬面值之間的聯繫就會愈小，PB 的用處就不會很大；然而，若股價超出賬面值的溢價愈大，意味決定企業內在價值的基礎就會愈不穩定，安全邊際的保護作用亦會消失，代表投資者要承擔的風險會愈高。因此格雷厄姆建議投資者，最好購買股價接近於公司有形資產價值的股票。

PB 不像 PE 般常用於計算合理股價的主因，是由於只有資產規模龐大的公司，如地產、水泥、航空、化工和鋼鐵等行業，用 PB 估值才有實際意義。至於一些概念類股票，例如科網公司，由於其未來價值來自技術和專利，所以是無法由資產淨值去評估其實質價值。

銀行股估值，用 PB 不用 PE

但「天生我材必有用」，有缺點自然有優點。應用上，PB 是比 PE 更適用於評估周期性較強、擁有大量固定資產，且賬面價值較穩定的行業，如銀行、保險、券商等流動資產比例較高的企業。由於銀行的錢銀交易頻繁，撥備頻率遠高於其他行業，所以盈利相對波動，用 PE 估值比較困難，但銀行的資產卻容易被評估。

順帶一提，銀行股的股息收益率通常較所有股票的平均值高，滙豐(0005)就是典型的例子；至於美股，大型理財中心如花旗銀行、摩根大通和美國銀行等，股息收益率會更高，因此銀行股多數是收息族的必買之選。

如果你打算買銀行股，那麼除需重視 PB 外，更要留意息口因素。由於銀行的營運經常受利率變動影響，所以長期來看，價值水平較合理，且財務結構較強的銀行股表現最好。當利率維持低水平，或預計短期內將下降時，銀行板塊表現會較好，因為在低息環境下，銀行對外放款利率和存款利率的息差將擴大，盈利因而增加。

分析哪類股需要「特殊指標」？

一連數篇文章，講解了多種常見財務指標（包括：PE、PB、PEG、NAV、EPS 等）的用法，只要在報價網站翻查相關數據，相信都能應付絕大部分行業的股票。但「學海無涯」，以為只用一般指標就足以橫行天下的話，也未免太兒戲吧。因為某些行業的股票，單用以上指標是無法作深入分析和比較，而是需要一些非通用會計準則（Non-GAAP）的指標。所以本文會作一個「補丁」，介紹「保險股」、「濠賭股」及「電訊股」三類需要特殊指標分析的行業：

保險股：專用 EV 估值

要評估保險股的抵買程度，是不能靠一般的 PE 估值法，而需要用上「內涵價值」（Embedded Value, EV）。由於保險公司是以先收錢、後賠付的方式營運，而盈利是 PE 估值的重要因數；但未來賠償是屬未知，當未來出現賠償時，盈利就會出現大幅波動，所以 PE 並非合適的估值工具。

EV = 市值 + 淨負債

「內涵價值」是專門用來衡量保險股的價值及盈利能力，但計算就非常複雜，當中涉及不少假設的情況，例如投資回報率、保險索償率、利率等……一般投資者是不容易計算出來。幸好，保險公司會將相關數據交由精算師處理，並記錄在財報之中；我們只要將「股價」除以「內含價值」，得出的數字愈低，就表示該公司的估值愈抵買，做法上跟比較同行業的PE類同。

內涵價值變動分析如下：

百萬美元，除另有說明外	2017年		
	經調整資產淨值	有效保單業務價值	內涵價值
期初內涵價值	16,544	25,570	42,114
新業務價值	(546)	4,058	3,512
內涵價值的預期回報	4,023	(706)	3,317
營運經驗差異	313	72	385
營運假設變動	(229)	148	(81)
財務費用	(136)	–	(136)
內涵價值營運溢利	3,425	3,572	6,997
投資回報差異	1,242	275	1,517
經濟假設變動的影響	(7)	(183)	(190)
其他非營運差異	420	(750)	(330)
內涵價值溢利總額	5,080	2,914	7,994
股息	(1,376)	–	(1,376)
其他資本變動	134	–	134
匯率變動的影響	114	1,151	1,265
期末內涵價值	20,496	29,635	50,131

EV數據（來源：友邦保險（1299）財報）

在眾多因素中，以投資回報率對「內涵價值」影響最大。由於保險公司的盈利主要是收取保費，再利用保費再投資，因此投資回報率愈高，代表該公司愈有能力利用同等的保費收入來賺更大的利益。由此可見，除保費收入外，投資回報率都是大家需要關注的項目！

濠賭股：要比較 EV/EBITDA

過去數年，內地大力打貪，澳門賭業收入曾連跌 26 個月，終於在 2016 年下半年逆轉，連續 5 個月回升，不少投資者都重新關注這板塊的未來發展。同樣地，PE 亦未必適合於濠賭股，分析時還需留意「企業倍數」（EV / EBITDA）。

EBITDA = 收入 - 開支（利息、稅項、折舊及攤銷除外）

EV / EBITDA =（市值 + 淨負債）/ 收入 - 開支（利息、稅項、折舊及攤銷除外）

「企業倍數」由 EV 和 EBITDA 兩部分組成，由於「企業倍數」在計算盈利時，是撇除利息以及不影響現金流的折舊成本，這對負債以及折舊成本較高的賭業股來說，會比較能反映公司的實際盈利能力。比較同行業公司的「企業倍數」，數字愈低，代表估值愈低，愈抵買。

集團

收益

(百萬港元)	二零一六年	二零一七年	%變動
博彩及娛樂	50,685	**59,383**	17%
建築材料	2,141	**3,067**	43%
集團總計	52,826	**62,450**	18%

經調整EBITDA

(百萬港元)	二零一六年	二零一七年	%變動
博彩及娛樂	10,057	**13,554**	35%
建築材料	434	**744**	71%
公司	(143)	**(151)**	(6%)
集團總計	10,348	**14,147**	37%

銀娛GEG

EBITDA 數據（來源：銀河娛樂（0027）財報）

此外，澳門的旅遊業亦跟其博彩業息息相關，內地 GDP 及奢侈消費方面的增長，都會影響內地旅客到澳門的消費意欲，直接影響博彩業的收入。在 2015 年時，澳門當局曾提出在旅客增多的情況下會作優化或控制，以減低澳門居民出行時的影響，並保障其生活素質。因此，中央未來在調整「個人自由行」政策和措施上的消息，投資者都需密切留意。

電訊股：須留意 ARPU

2017 年內地政策頒令，為壓抑手機網絡的罪案發生，未來將加強監管，全面推行賬戶分類管理機制及為支付安全宣傳教育活動，一眾內地電訊商（如中移動（0941）、聯通（0762）及中電信（0728）等）都會受惠，甚至會額外取得補貼，前景看好。但投資電訊股時，除分析其盈利數字外，建議留意多一項叫 ARPU 的數據。

ARPU，即「每戶每月平均消費」（Average Revenue Per User），代表電訊公司每月從每用戶收取的收入，是分析電訊公司業績的專門指標，這在財報都會找到。由於電訊市場競爭激烈，不少電訊商為搶客搶生意，不惜減價促銷，因此可能會出現「用戶總人數」或「新增用戶人數」上升，但 ARPU 下降的現象，結果仍會影響公司的毛利率，所以單從客戶人數分析是不足夠的。

主要運營數據

	2017年	2016年	變化%
移動業務			
客戶數(百萬戶)	887	849	4.5
其中:4G客戶數(百萬戶)	650	535	21.4
淨增客戶數(百萬戶)	38	23	69.1
其中:淨增4G客戶數(百萬戶)	114	223	-48.6
平均每月每戶通話分鐘MOU(分鐘/戶/月)	366	408	-10.2
平均每月每戶手機上網流量DOU(MB/戶/月)	1,399	697	100.9
4G客戶平均每月每戶手機上網流量DOU(MB/戶/月)	1,756	1,027	71.0
平均每月每戶收入ARPU(人民幣元/戶/月)	57.7	57.5	0.3
寬帶業務			
有綫寬帶客戶數(百萬戶)	113	78	45.2
其中:家庭寬帶客戶數(百萬戶)	109	74	46.9
有綫寬帶ARPU(人民幣元/戶/月)	35.1	32.1	9.3
家庭寬帶綜合ARPU(人民幣元/戶/月)	33.3	28.3	17.5
物聯網業務			
物聯網智能連接數(百萬)	229	103	122.0

ARPU 數據(來源:中移動(0941)財報)

另一方面,不要以為 ARPU 高,就代表盈利一定會升。由於近年內地電訊公司逐漸將業務由 2G/3G 轉向 4G,綜合 ARPU 上升亦屬正常,因此投資者需進一步留意 2G/3G ARPU 的情況,以及 4G 業務的成本上升問題,才可對真實盈利作正確判斷。

EV、EBITDA 及 ARPU 這類特殊指標的數據,其實在以上特定行業的企業年報或季報都會找到,用法跟 PE 等財務指標一樣,將數據和同業作比較就能得知優劣,非常方便。

趨勢交易篇

基本面好，買入前都要分析「趨勢」？

前面的【價值投資篇】已講解了從基本面選股的重要性。雖說「價值只會遲到，不會缺席」，但公司業績只是股價的一個支撐點，而股價是有超前和滯後性，不是基本面好的公司就保證會立即升（即使道理上應該會升）。

「順主勢買賣」是趨勢交易的最大原則，當你決定建倉前，必須以技術分析確認股價趨勢持續或將會向上；另一方面，就算該股基本面有多好，但發現技術面是很大可能低走的話，這時還是不沾手為宜。以下先介紹趨勢交易的基礎概念和最簡單實用的買賣判斷工具：

(A) 順勢買賣

1. 趨勢的方向

簡而言之，趨勢就是市場的運行方向。通常情況下，市場的運行軌跡就像一系列的運動波浪，有明顯的「波峰」和「波谷」，兩者依次上升或下降，繼而形成市場的運動方向，進而構成市場的趨勢。

基本上，趨勢的方向只有三種：上升、下降和橫行。因此我們可以把依次上升的波峰和波谷稱為「上升趨勢」；依次下降的波峰和波谷稱為「下降趨勢」；依次橫向延伸的波峰和波谷稱為「橫行趨勢」。

上升趨勢

買賣方法：

當價格被逐漸推高，形成一個底部高於前一個底部，一個頂部高於前一個頂部時，就是上升趨勢，這時候就以買入為主。當價格創新高後，在其回落至波谷時，就是買入的時機。

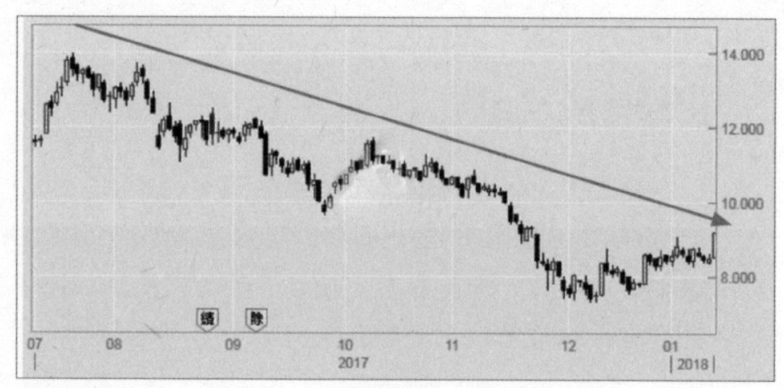

下降趨勢

買賣方法：

跟上述情況相反，當價格被逐漸壓低，形成一個底部低於前一個底部，一個頂部低於前一個頂部時，就是下降趨勢，這時候就以賣出為主。當價格每次反彈時，就是賣出的時機。

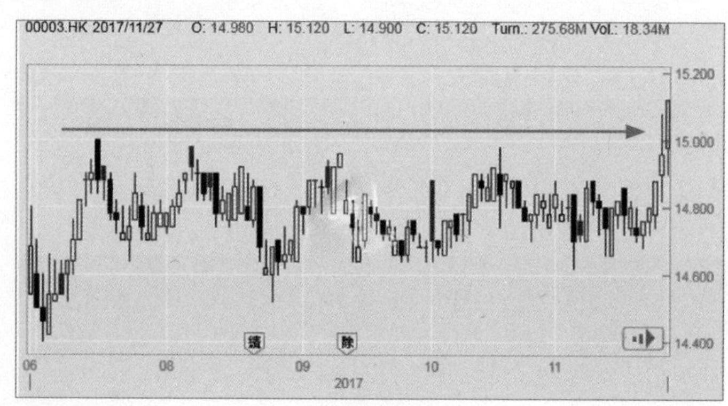

橫行趨勢

買賣方法：

由於這是無趨勢的市場，因此最佳的買賣方法，就是當價格升至高位區便賣出，回落至低位區便再買入，進行短線的高賣低買。

2. 趨勢的類型

趨勢同樣可劃分為三種類型，分別是長期趨勢、中期趨勢和短期趨勢。

- ▶ **長期趨勢（主要趨勢）**：長達 1 年或以上的趨勢。
- ▶ **中期趨勢（次級趨勢）**：1 個月至半年的趨勢。
- ▶ **短期趨勢（短暫趨勢）**：幾個交易日或幾周內的趨勢。

要注意的是，所謂長短都是相對而非絕對，每個趨勢都是更長期趨勢的一個組成部分，同時也是由更短期的趨勢構成。

(B) 趨勢線

1. 趨勢線畫法

趨勢線是投資者最常用，且最易製作的分析工具，作用就是將以上提及的趨勢更「視像化」，方便進行買賣操作。為方便比較，我們根據剛才的圖片再加工。在上升趨勢裡，我們將低點連結，就會形成一條向上傾斜的直線，稱之為「上升趨勢線」。

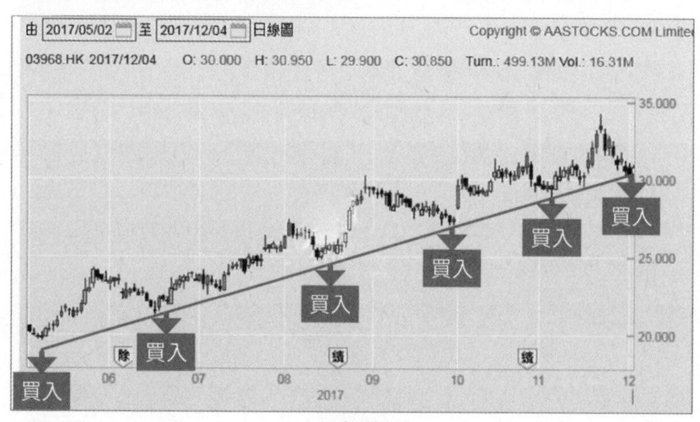

上升趨勢線

<u>買賣方法：</u>

上升趨勢線起著支持的作用，當價格每次從高位點落（或稱「回調」）時，都會產生「支持」。因此，如果趨勢線作用顯著時，當每次回落至趨勢線附近時，都是順勢買入的良機；但萬一上升趨勢線失守，便可能需要賣出。

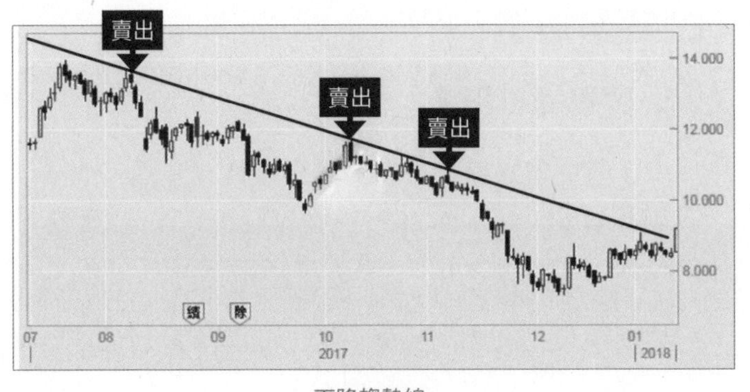

下降趨勢線

在下降趨勢裡，我們將高點連結，就會形成一條向下傾斜的直線，稱之為「下降趨勢線」。這向上或向下傾斜的直線，更清楚顯現了市場的運行方向。

<u>買賣方法：</u>

下降趨勢線是每次反彈的阻力，如果趨勢線作用顯著時，當每次反彈至趨勢線附近時，都是順勢賣出的良機；若下降趨勢線被升穿，就可能是買入的時機。

2. 趨勢線特點

趨勢線連接的點數愈多，作用就愈大。趨勢線愈長，作用就愈明顯；而點與點之間的距離愈遠，作用性亦愈高。

(C) 趨勢通道

1. 趨勢通道畫法

通道可說是趨勢線的延伸版本，是由兩條平行的趨勢線組成，並分為「上升通道」及「下降通道」兩種。

在上升趨勢中，先沿著低點畫出基本的趨勢線，然後從第一個明顯的波峰出發，作一條與基本趨勢線平行的直線，這兩條直線均向右上方伸展，構成一條通道，這就是「上升通道」。

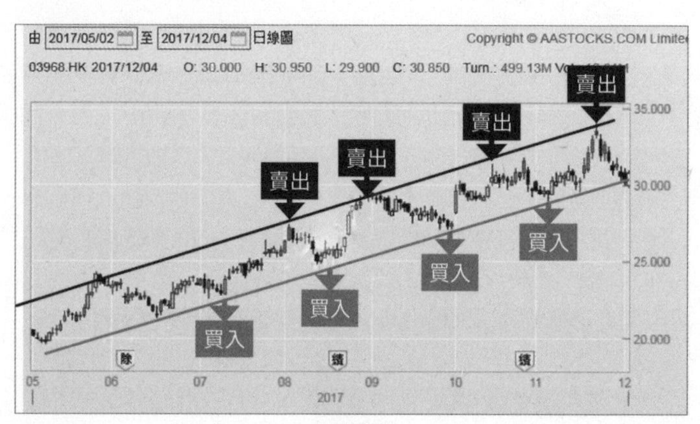

上升通道

買賣方法：

在上升通道裡，當價格回落至通道下線附近時，是買入的時機，可考慮吸納；當價格接近通道上線時，便應暫停買入；如果你是短線投資者，亦可在接近通道頂時賣出，先行獲利，待回落至下線時再買入。而當價位跌穿通道下線時，便要止蝕離場。

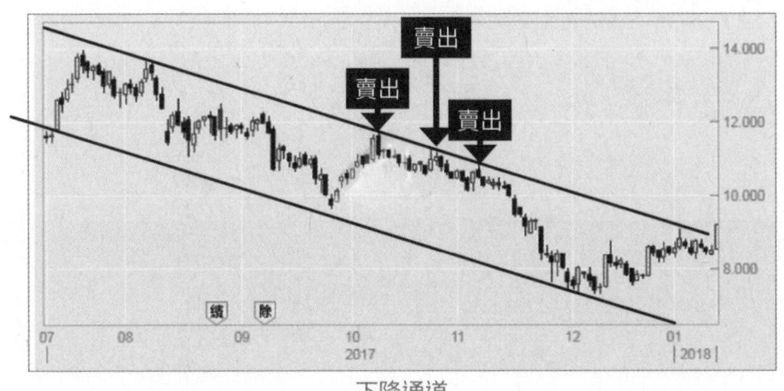

下降通道

在下降趨勢中，先從高點連結趨勢線，然後從第一個明顯的低點出發，作一條與基本趨勢線平行的直線，這兩條直線均向右下方伸展，構成一條通道，這就是「下降通道」。

買賣方法：

在下降通道裡，當價格回升至通道上線附近時，是賣出的時機；當價格接近通道下線時，則可停止派發。由於在趨勢上價格被逐漸推低，即使等待再次回升至通道頂，其價位亦比前次高位低，所以不宜在下降通道裡入市，有貨的亦只宜在通道頂賣出。直接價格上穿通道頂阻力線，站穩後才買入會較有利。

(D)支持和阻力

1. 支持

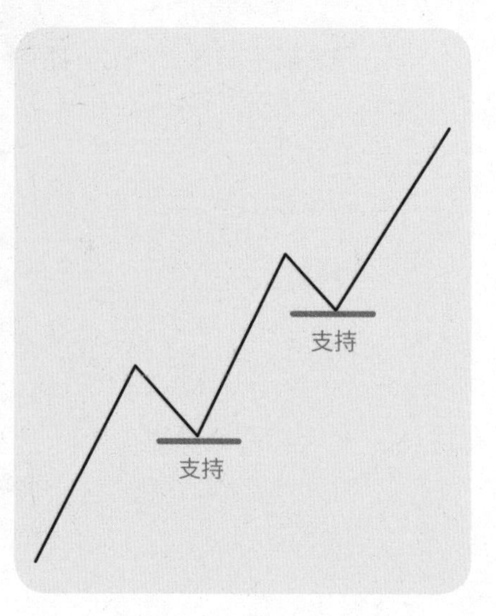

我們把一系列向上反彈的低點或趨勢中的波谷，稱為「支持」，一般以某個價位或區間表示。在支持區中，好友購買力較強，足以抵抗淡友沽貨的壓力，使價格在此區間停止下跌，甚至回頭向上反彈。因此當向上反彈的低點形成後，就可以確認該區為支持區。

2. 阻力

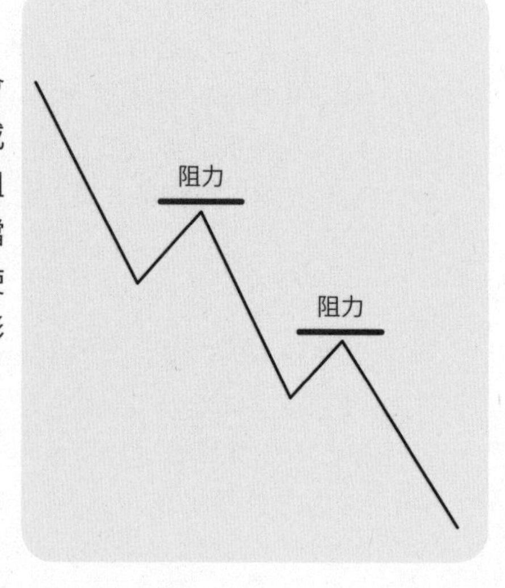

與支持相反，我們會將依次受阻回落的高點或波峰稱為「阻力」。在阻力區，淡友的沽壓力量擋住了好友的買力推進，使價格由上升轉為下跌，形成阻力。

3. 應用

在上升趨勢中，支持起著主要作用，阻力起著次要作用。當價格回落至支持區時，便會止跌，然後回升至前期的高點並不斷衝破，又創出新的高點。

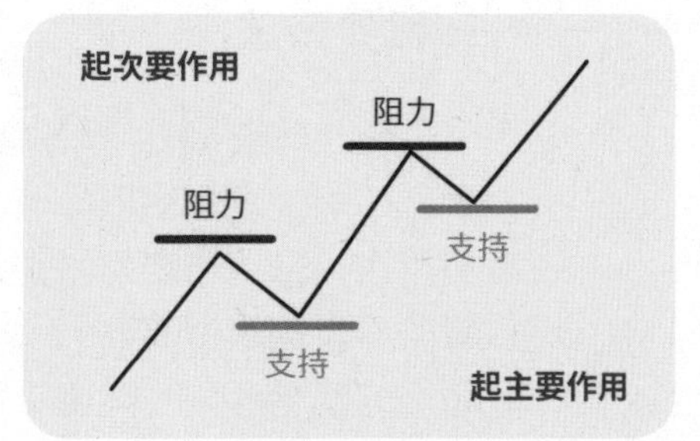

相反地，在下降趨勢中，阻力起著主要作用，支持起著次要作用。當價格由高位回落並向上反彈時，在阻力區受阻又掉頭下跌。若跌穿前期支持，則會創出新低。

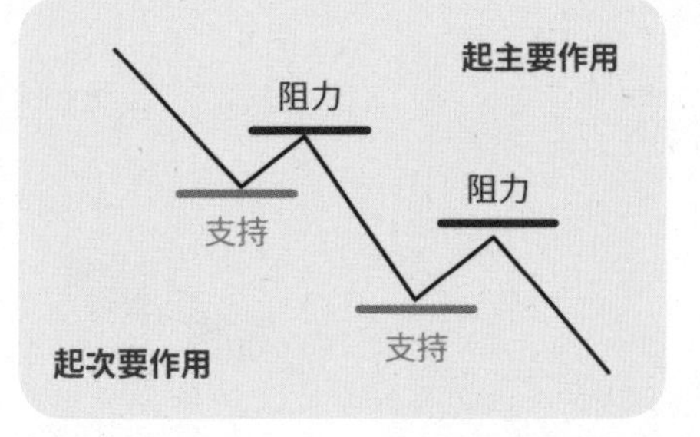

4. 支持和阻力相互轉換

在上升趨勢中，當阻力被升穿後，就會變成支持。

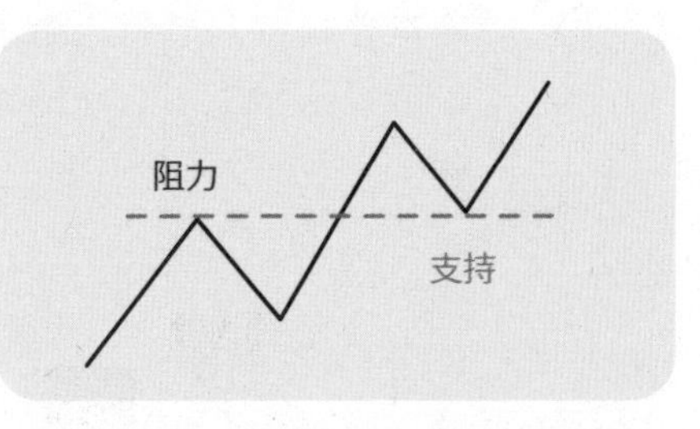

在下降趨勢中，當支持被跌穿後，就會變成阻力。

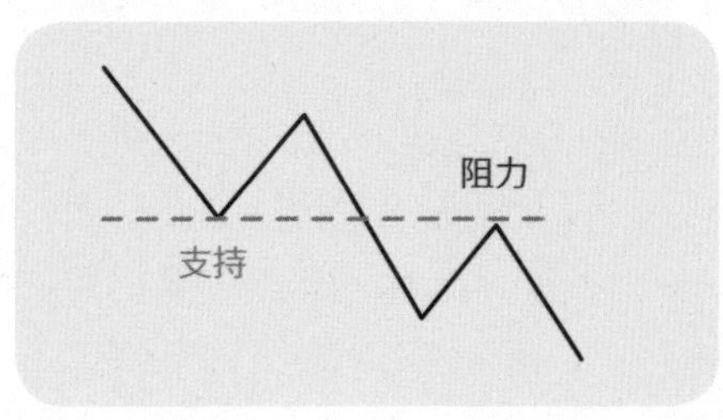

5. 買賣方法

在上升趨勢中，當價格回落至支持區時，是買入機會。在價格到達阻力區時，可部分套利平倉，等回落後再買進，且不可在阻力區沽空。因在上升趨勢中，價格總是不斷創出新高點，假若逆市沽空，正是違背了順勢而行的交易原則，風險會很大。萬一跌穿前期低點，則可能需要賣出。

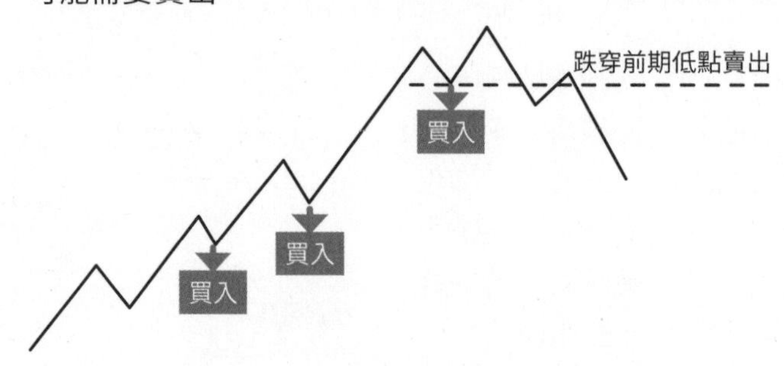

在下降趨勢中，當價格反彈至阻力區時，是派貨或沽空的機會。當價格由下跌中途反彈，不宜買入，因為在下降趨勢中，價格總是不斷創新底。假若價格出面逆轉，能夠升穿前期高點，便可考慮買回。

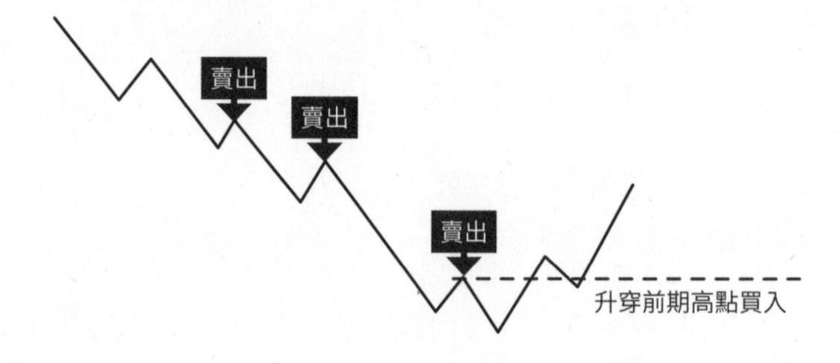

當阻力被好友以強大的購買力升穿後，便會成為支持，而當價格再次回落時，可伺機買入。

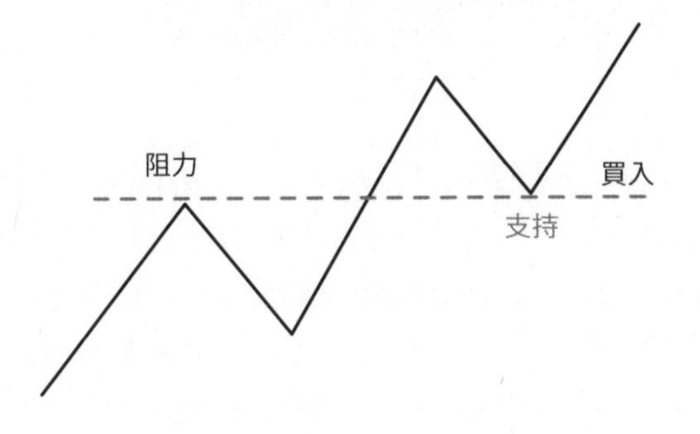

相反，在支持被跌穿後變成阻力，便應該要賣出或沽空。

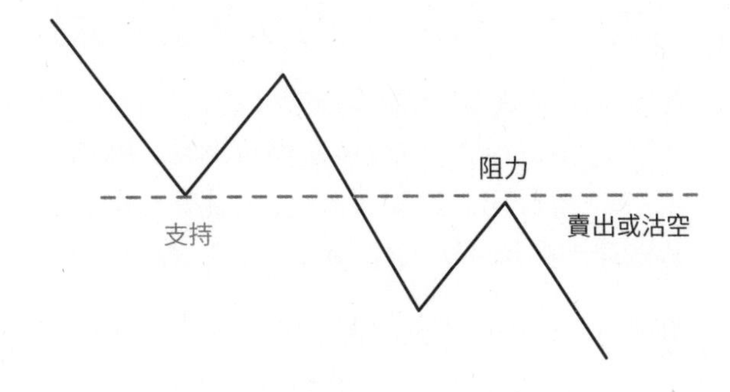

如何活用「均線」尋找最佳買賣點？

趨勢交易的範疇中，陰陽燭組合（如鎚頭、三白武士）、走勢形態（如雙底、潛伏底）及技術指標（如 MACD 和 RSI）都是必須用上的工具，這在前作《股票投資 All-in-1》及《從股壇初哥，到投資高手！》都分別解讀了當中的基本應用。所以往後幾篇關於技術分析的文章，都會直接講解當中的進階用法，強化大家買賣獲利的準繩度和信心。首先就說一下最受大眾歡迎且最易使用的移動平均線（下稱「均線」）：

10、20、30 天線：3 均線組合，入市更可靠

我們經常會聽到「出現黃金交叉要入市」，「黃金交叉」是指一條短期均線升穿一條較長期均線（例如 10 天線升穿 20 天線）；又或「出現死亡交叉要賣出」，「死亡交叉」是指一條短期均線跌穿一條較長期均線（例如 10 天線跌穿 20 天線）。

但用過這招的朋友都知道，由於均線有滯後性的缺點，所以黃金交叉經常都會失效，造成「高買低賣」的情況：

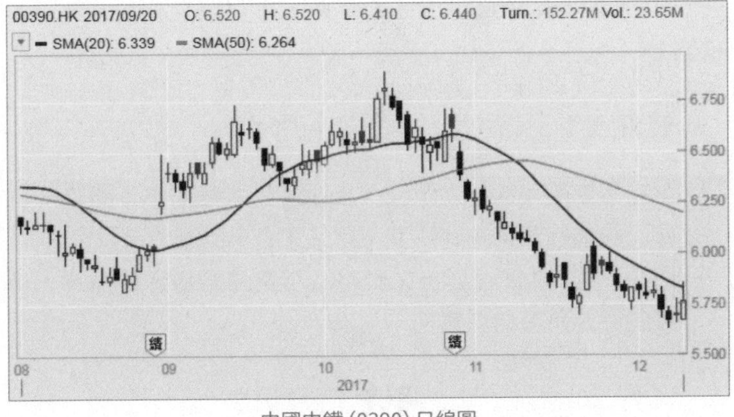

中國中鐵 (0390) 日線圖

中芯 (0981) 日線圖

因此要加強均線入市的可靠性，建議同時使用 10 天、20 天、50 天線，並滿足以下三大條件，方可確定為強力的買入訊號：

條件 1：3 條均線依次向上排列

當較短期的均線排在上面，較長期的均線排在下面時，多數是股價待漲的先兆；尤其是股價能夠連續 3 天，以小陽燭企穩在 10 天線之上，同時成交量持續放大的情況，買入的確信程度會更高。

條件 2：股價向上突破 3 條均線

在下跌趨勢中，當股價跌速減慢，甚至開始橫行或反彈時，如果 10 天、20 天及 50 天線之間出現黃金交叉，這將成為股價回調時的支持位；股價若再突破 3 條均線，可進一步確認下跌趨勢結束。

條件 3：3 條均線由互相交纏，轉成向上發展

如果股價已橫行一段時間，3 條均線多數會互相交纏，這都難以判斷未來的突破方向。但如果股價在長期下跌後的低價區突破橫行格局，3 條均線逐漸由交纏轉成向上時，都會是中短線的買入時機。

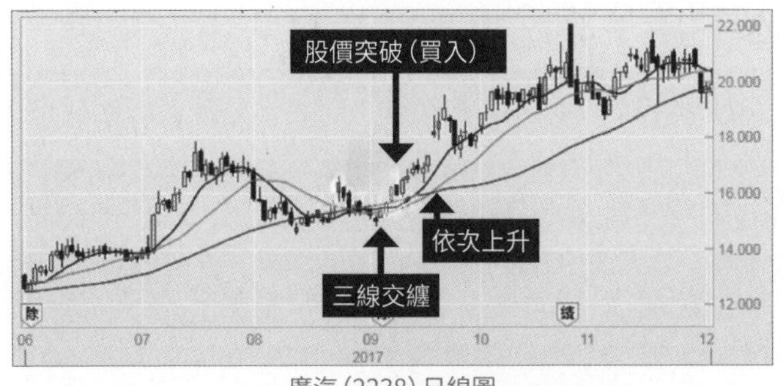

廣汽（2238）日線圖

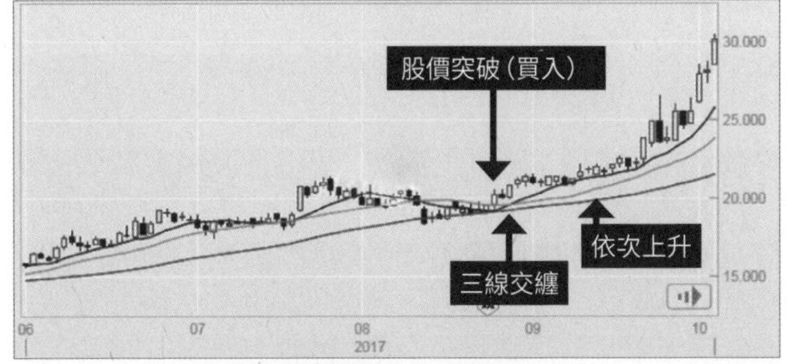

中興通訊（0763）日線圖

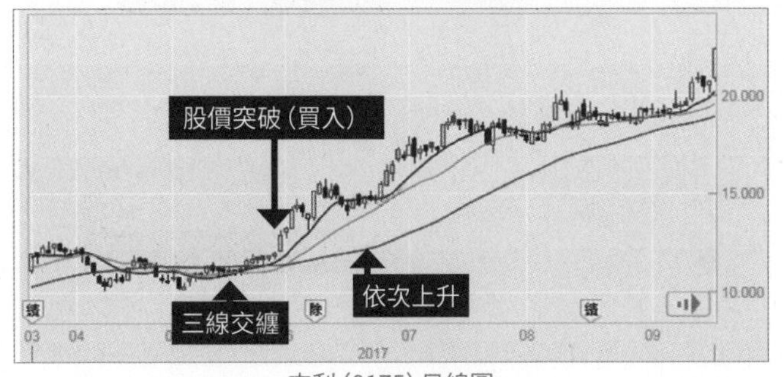

吉利（0175）日線圖

由於網上的免費報價系統都設有均線功能，只要輸入需要的天數，相應的均線就會在股價圖內呈現；用家只要按多一條均線，就能從「黃金交叉」，「升級」至 3 線組合的更高層次，操作上將會可靠得多，何樂而不為呢？

100 天線：判斷中長期趨勢的可靠幫手

以上提及的 10、20 天及 50 天線，主要是判斷股價的中短期趨勢，如果想知道中長期趨勢會否逆轉，例如從跌勢中博反彈，就可運用 100 天線作參考。

情況 1：跌穿 100 天線，並且技術指標出現買入訊號 = 反彈有力

中國太平洋保險（2601）日線圖

情況 2：跌穿 100 天線，但一周內回升至線上 = 反彈有力

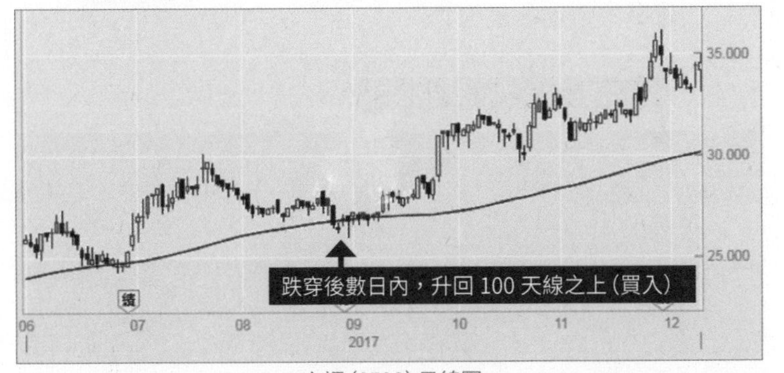

六福（0590）日線圖

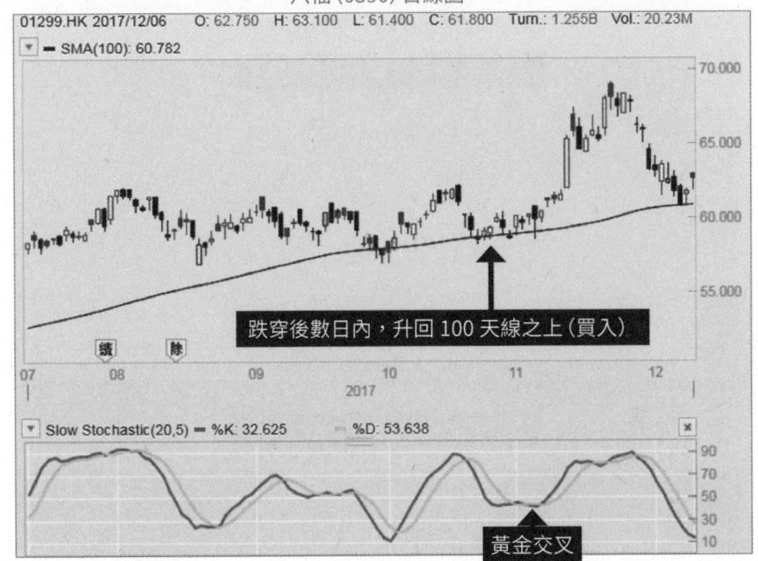

友邦（1299）日線圖

然而，當股跌穿 100 天線，而一周內無法回升至線上時，就多數預示中期跌勢開始；如果當時你有貨在手的話，都要及早忍痛止蝕，否則後果自負！

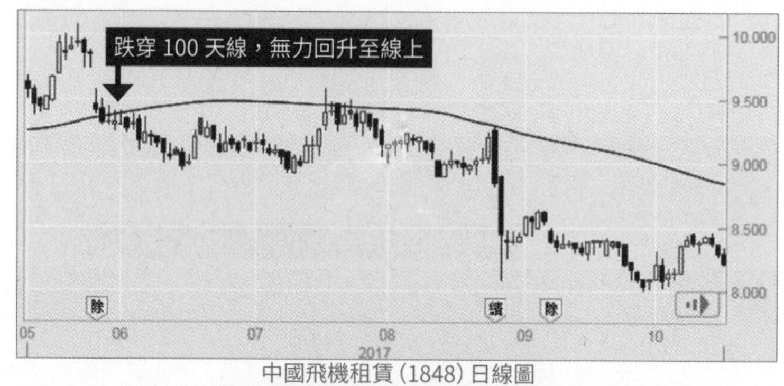

中國飛機租賃 (1848) 日線圖

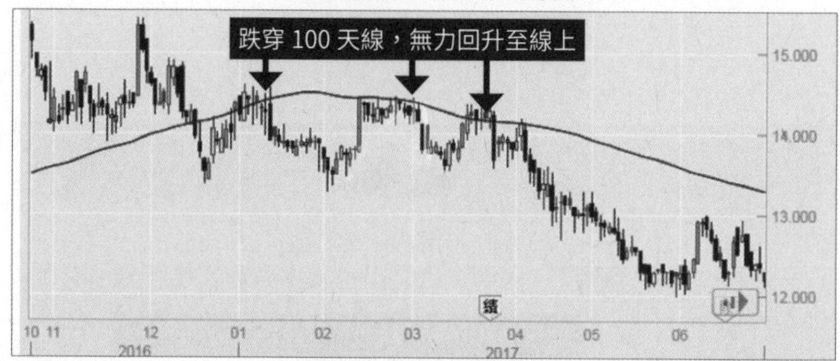

同仁堂 (1666) 日線圖

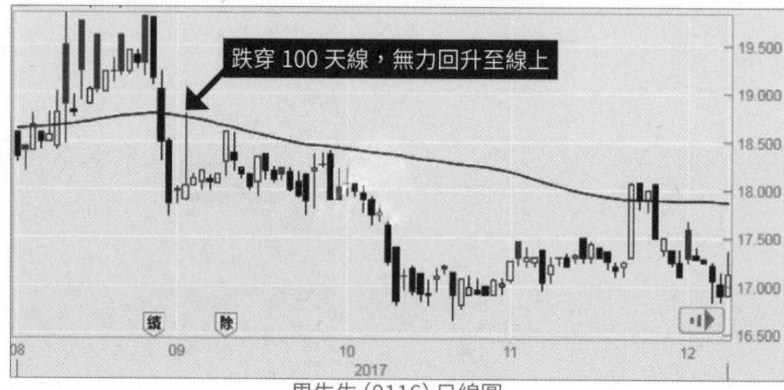

周生生 (0116) 日線圖

除 100 天線外，150 天線亦可用於判斷中長期趨勢，用法跟 100 天線的上述情況類同，分別只在於 150 天線所關注的趨勢時間是再長一點，在此不引例累述。

「均線 + 趨勢線」，強化走勢精準度

雖然「均線」和「趨勢線」都是常用的技術分析工具，可惜多數人只會分開使用，未能物盡其用。事實上只要結合兩者，往往能判斷出更加準確的趨勢預測，以下是一些簡單心得，供大家參考：

1. 當均線和趨勢線的角度同時向上，而陰陽燭又在兩者之上時，可肯定為「上升趨勢」。

2. 當陰陽燭只跌穿均線或趨勢線其中一個，「上升趨勢」可能尚未結束。

3. 當陰陽燭跌破均線和趨勢線時，「上升趨勢」應結束，這多數在技術型態的頂部出現。

4. 當均線和趨勢線的角度同時向下，而陰陽燭又在兩者之下時，可肯定為「下降趨勢」。

5. 當陰陽燭只收在均線或趨勢線其中一個之上時，「下降趨勢」可能尚未結束。

6. 當陰陽燭收在均線和趨勢線之上時，「下降趨勢」應結束，這多數在技術型態的底部出現。

怎樣增加「撈底」的勝算？

趨勢交易主要有兩大操作：「順主勢買入」及「撈底博反彈」。「順主勢買入」的技術含量比較低，就是在升勢中買入，方法可參考上兩篇提及的「上升趨勢線」、「上升通道」及「均線」等工具。但由於心理原因，股價愈貴愈買（即所謂「高追」），是有違人類的經濟行為；相比之下，「撈底」是散戶最常用的入市傾向，因為股價已經很低殘，所以感覺「最安全」。

然而，「傾向撈底」和「撈底成功」是兩碼子的事，不少散戶都有愈撈愈底的情況，博反彈失敗之餘，被深套坐艇的情況更屢見不鮮！因此本篇將介紹 4 招增加「撈底」成功率的買入技巧：

技巧 1：潛伏底 + 大陽燭 + 高成交突破

潛伏底多數會在細價股出現。成交量極少，一般是因為公司前景缺乏吸引力，或一向被投資者忽視，稀少的買賣令股價無法出現大幅波動。持股人士找不到拋售理由，有意買入者又沒有立即買入的需要，於是股價只能沉悶地窄幅上落，逐漸被人遺忘。但最後終會出現突破，並伴隨異常放大的成交量，股價迅速遠離底部，大幅上揚。

潛伏底的完成時間一般較長，少則幾星期，多則數月以上，買入時間過早則等待期愈長。因此最佳的買入點是股價放量向上突破之時。由於形成時間較長，一旦暴發上漲，上升空間都會很大。

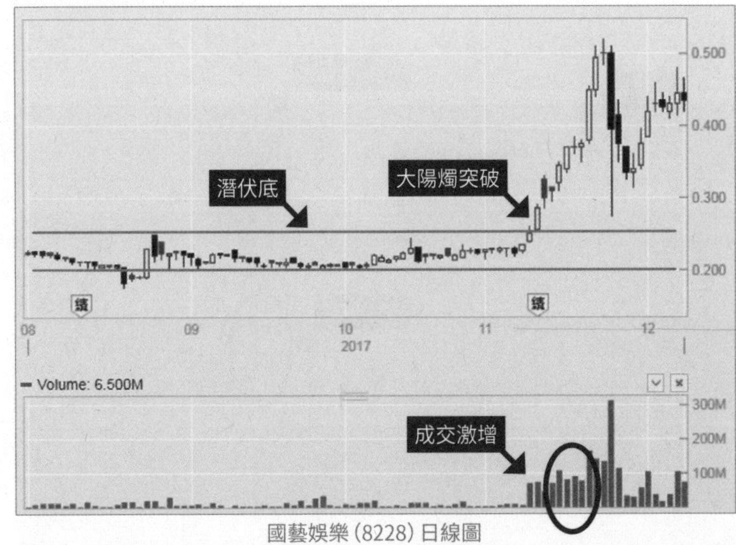

國藝娛樂(8228)日線圖

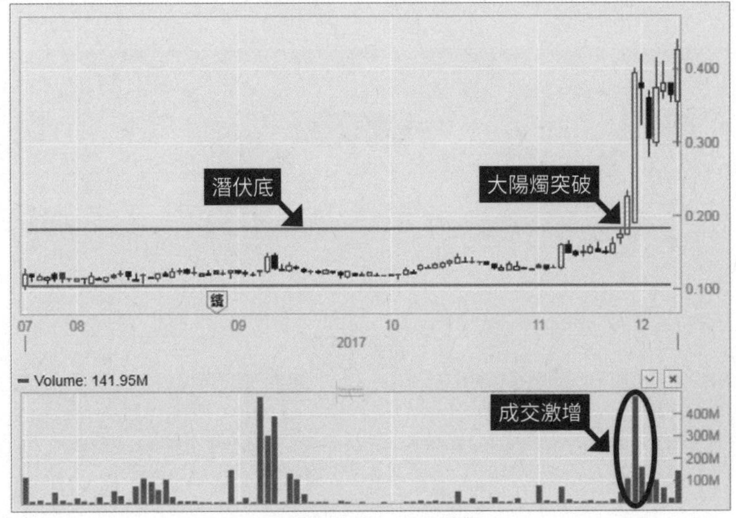

君陽金融(0397)日線圖

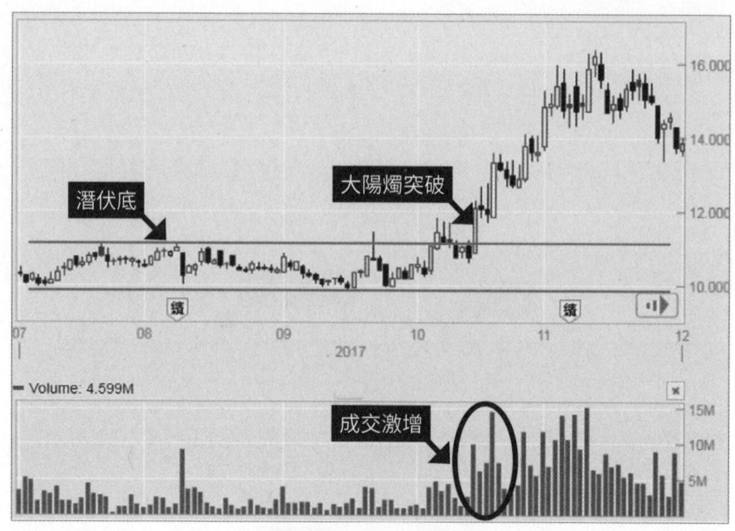

君陽金融（0397）日線圖

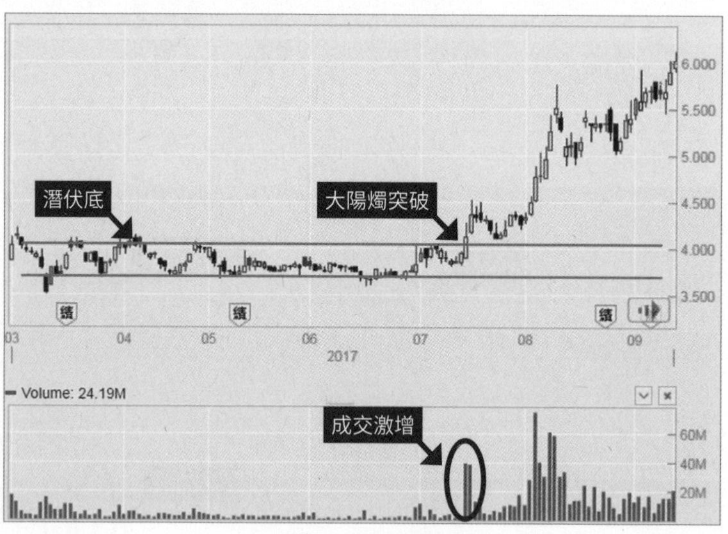

俄鋁（0486）日線圖

技巧 2：圓底 + 大陽燭 + 高成交突破

圓底形態相當易辨認，而且形成時間一般較長，時間愈長，股價將來升幅也愈大。

圓底的形成是股價在經過一段時間的快速下跌後，淡友力量減弱，股價跌速明顯減慢，成交量亦出現遞減，使股價難以深跌。隨後趁底吸納的買盤逐漸增加，成交量也溫和放大，股價緩慢上升。最後股價向上突破、衝刺急升，成交量也快速放大。

因此，當左半完成後股價出現小幅爬升，成交量溫和放大形成右半部分圓時，便是中線分批買入的時間；而股價放量向上突破時，就是非常明確的買入訊號。

但另一方面，由於圓底太易辨認，有時反而容易成為大戶用來出貨的手段，這通常出現在除淨後莊家獲利豐厚的情況下，利用「完美」的圓底吸引投資者入市。因此，如果圓底久久未能突破，又或突破後很快調頭走弱，甚至倒跌穿圓底，這時就應先止蝕再觀望情況。

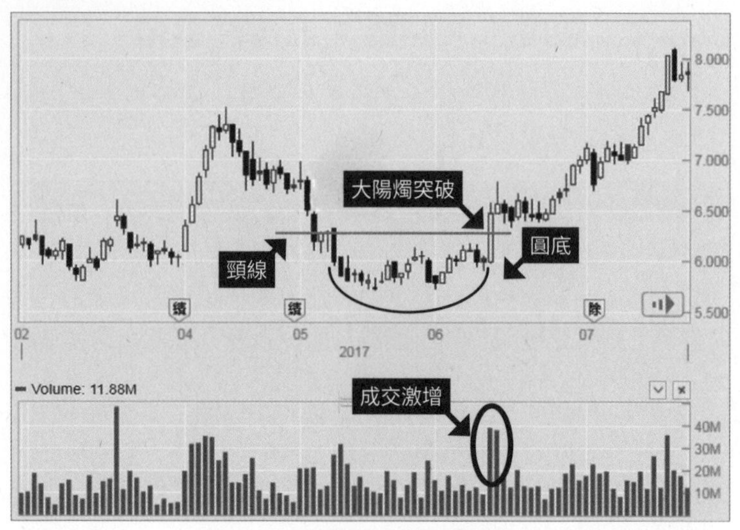

兗州煤業（1171）日線圖

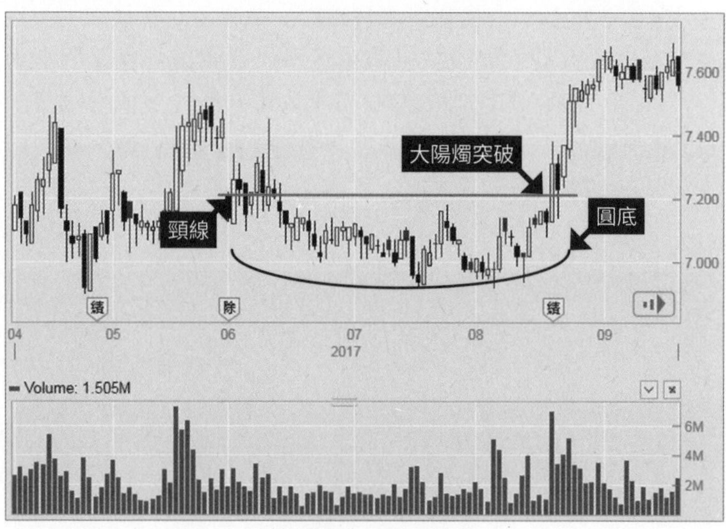

深圳高速（0548）日線圖

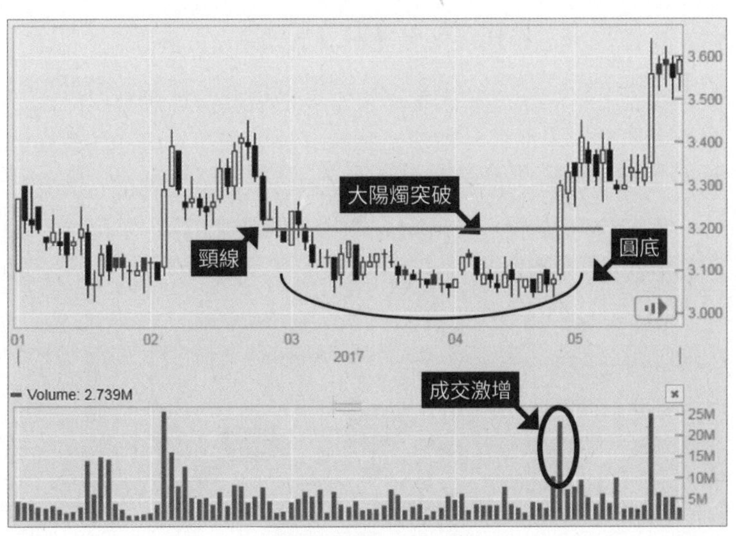

莎莎國際(0178)日線圖

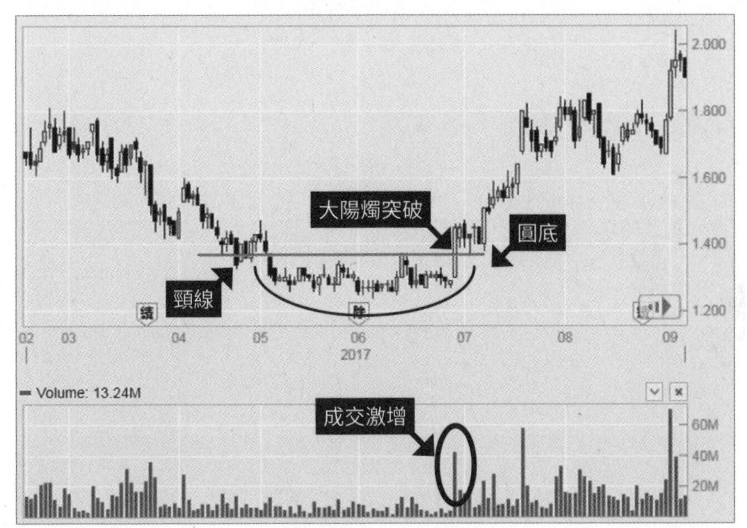

首鋼資源(0639)日線

技巧 3：底部形態 + 裂口突破

除以上的潛伏底和圓底，最常見的底部形態還有雙底及三底。由於底部的最低點都是比較難跌穿的價位，因此如果經過多次下跌，都能於該價位附近站穩的話，這往往是重要的支持位。而底部形成後，並出現裂口突破「頸線」時，都可作為強力的底部確認訊號。

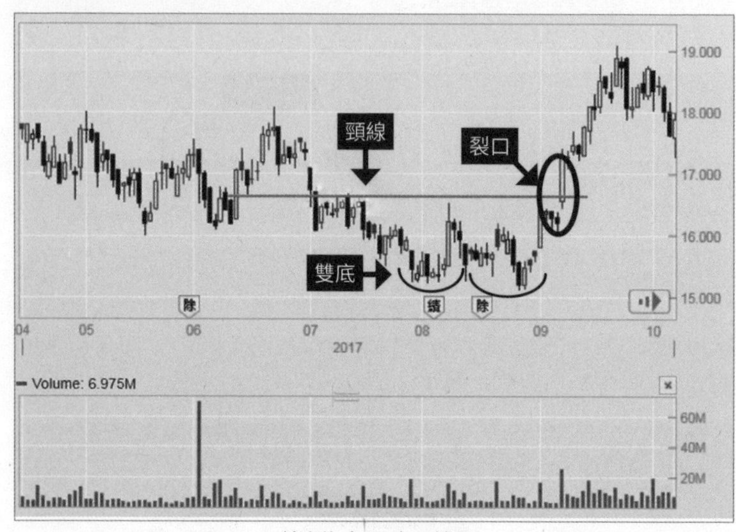

美高梅 (2282) 日線圖

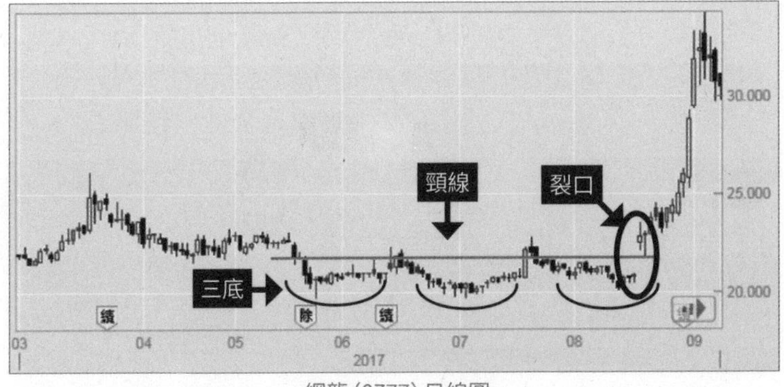

網龍 (0777) 日線圖

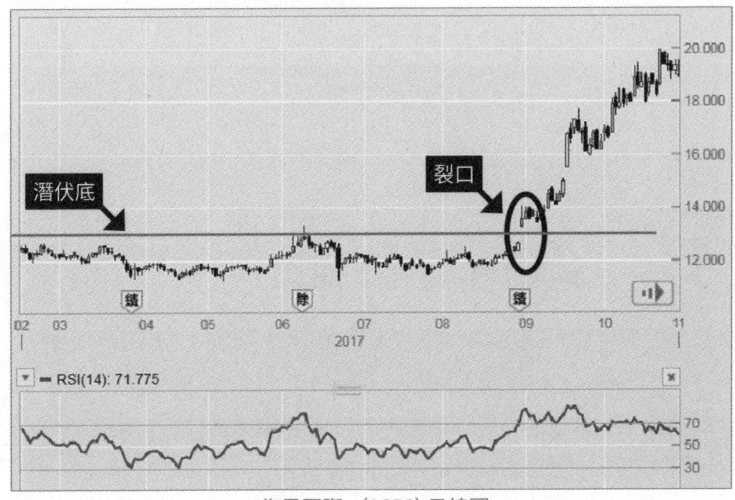

復星國際 （0656) 日線圖

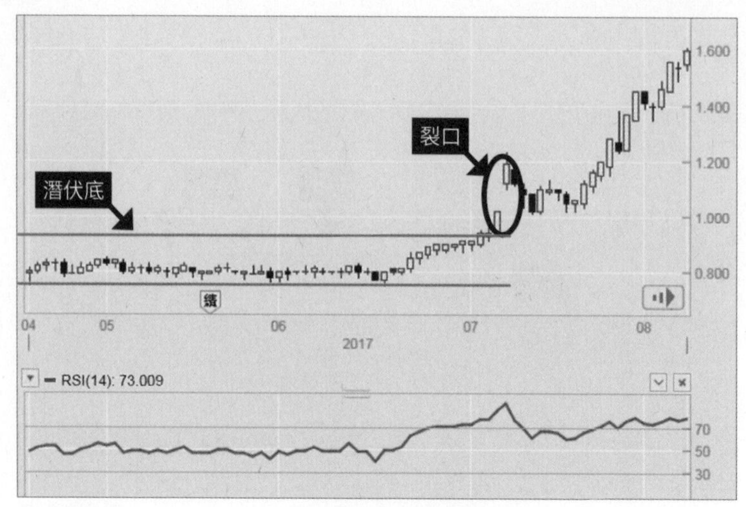

奧立仕(0860)日線圖

技巧 4：長腳燭 + 技術指標(如 MACD、STC)發出買入訊號

當持續跌勢期間出現一支明顯的長腳燭，往往意味著見底。「長腳」之所謂會出現，是因為有強力好友高度護盤，大力將股價拉回至某關鍵價位之上；如果其後出現技術指標買入訊號作確定，這往往是反彈的開始。

筆者最常用的技術指標是MACD（Moving Average Convergence / Divergence，指數平滑異同移動平均線）和STC（Stochastic Oscillator，隨機指標），以下簡單講解一下定義及用法：

	MACD	STC
定義	▶ MACD 線（快線）：通常是以 12 天平均線，減去 26 天平均線之差值所組成 ▶ EMA 線（慢線）：快線的移動平均線版本	▶ %K：最近收市價處於特定時段價格區內位置。當收市價愈接近區內最高價位置，%K 數值愈高；當收市價愈接近區內最低價位置，%K 數值愈低 ▶ %D：%K 的移動平均線版本
數值區間	-2 至 2	0 至 100（80 以上為超買區，30 以下為超賣區）
特點	移動平均線的強化版，可減低市場因訊息不良而引起股價波動的雜音，以提高買入訊號的準確度	由於考慮的不僅是收盤價，更包括近期的最高價和最低價，這可避免僅考慮收盤價而忽視真正波動幅度的缺點
買入訊號	MACD 線升穿 EMA 線	%K 線升穿 %D 線

為方便演繹，MACD 及 STC 的買入訊號以下都會統稱為「黃金交叉」。

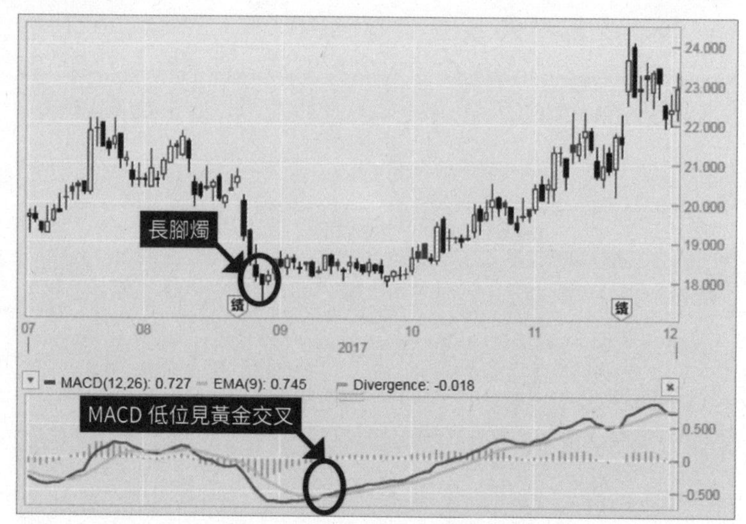

金山軟件 (3888) 日線圖

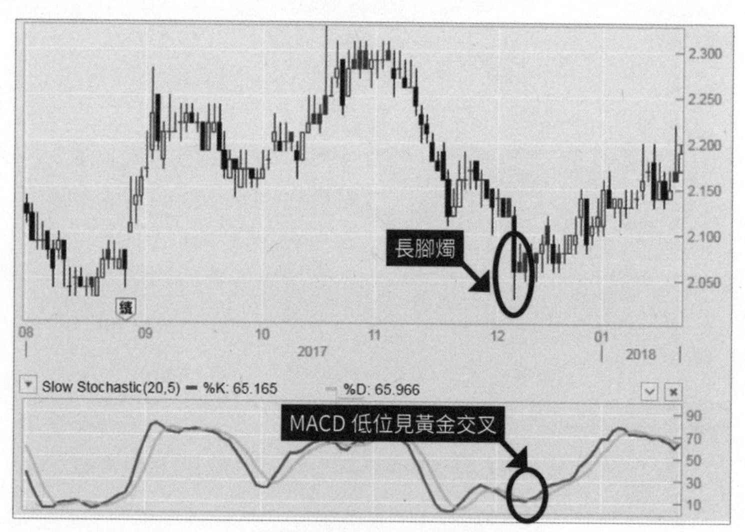

中廣核電力 (1816) 日線圖

牛皮市要用「保力加通道」短炒？

面對悶極的橫行趨勢（即牛皮市），不少投資者會認為入市的話，所賺的利潤都不會很大，於是就會出現成交量偏低的情況。但根據經驗，於牛皮市短炒波幅，風險甚至比平時於趨勢市買入時低，但利潤卻未必比趨勢市投資時少——前提是要懂得運用「保力加通道」。

保力加通道（Bollinger Bands）可說是「趨勢通道」的進化版，主要是判斷股票超買 / 超賣的常用指標，它主要由一條移動平均線（一般設定為 20 天）、通道頂（平均線加上 2 個標準差）及通道底（平均線減去 2 個標準差）組合而成；通道的闊度會按波幅而變化。透過這分析工具，投資者可用作股價趨勢的參考，進行買賣操作。主要特點有三：

1. 當股價跌至通道底時，屬於超賣訊號，股價多數會反彈；當股價升至通道頂時，屬於超買訊號，股價多數會倒跌。

2. 通道的寬度以股價的歷史波幅而定。波動愈大，通道愈闊；波動愈小，通道愈窄。

3. 通道收窄，代表股價已整固了一段時間，新一輪趨勢或將發生。當股價開始向上突破通道頂，並且通道開始轉闊時，通常是升勢的開始；相反，當向下跌穿通道底時，並且通道開始轉闊時，往往會出現跌勢。以上兩種情況，平均線的方向都需要跟股價方向同步，才可確認。

雖然保力加通道適用於任何市況，但最簡易的用法，就是利用【特點 1】於橫行市中「高賣低賣」，作出波段交易。操作如下：

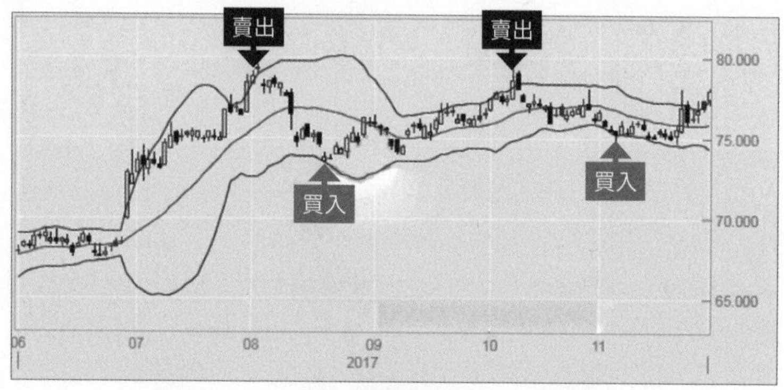

匯控（0005）日線圖

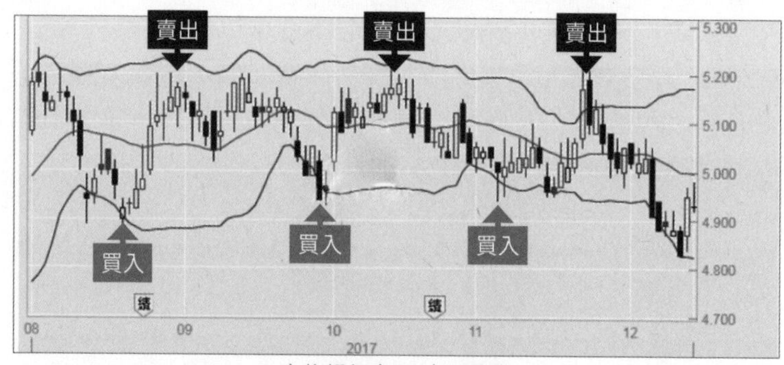

中信銀行（0998）日線圖

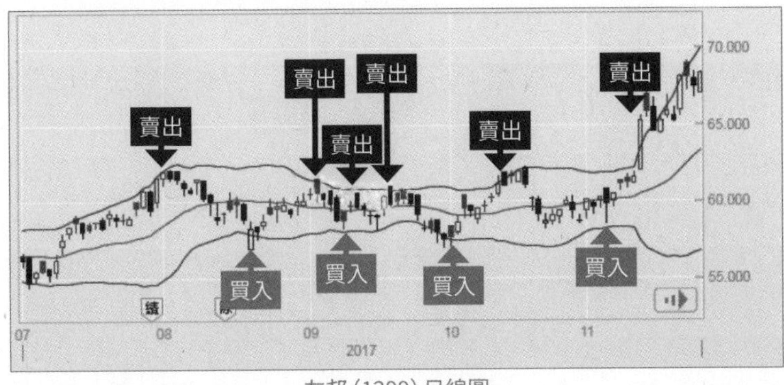

友邦(1299)日線圖

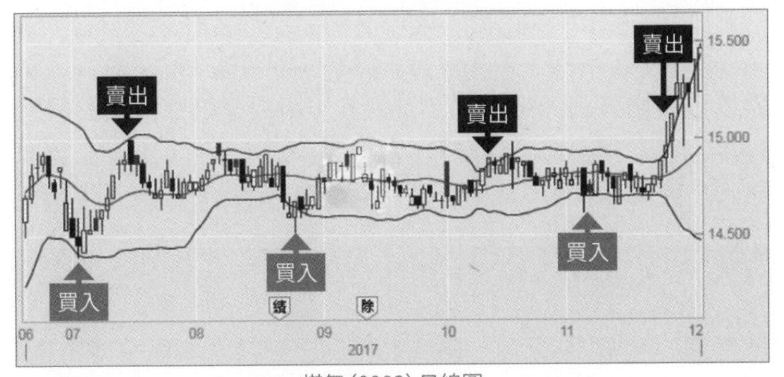

煤氣(0003)日線圖

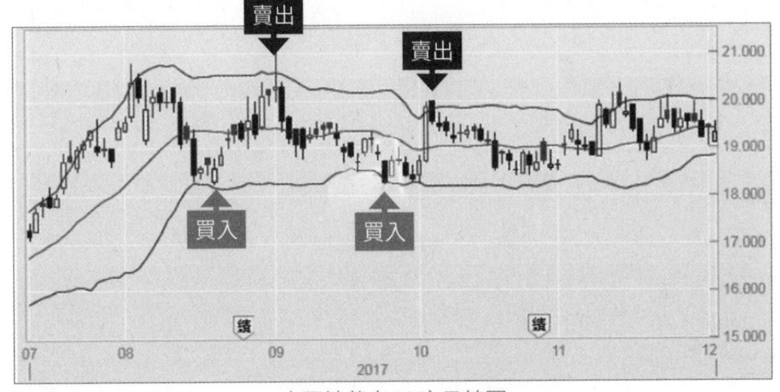

中國神華(1088)日線圖

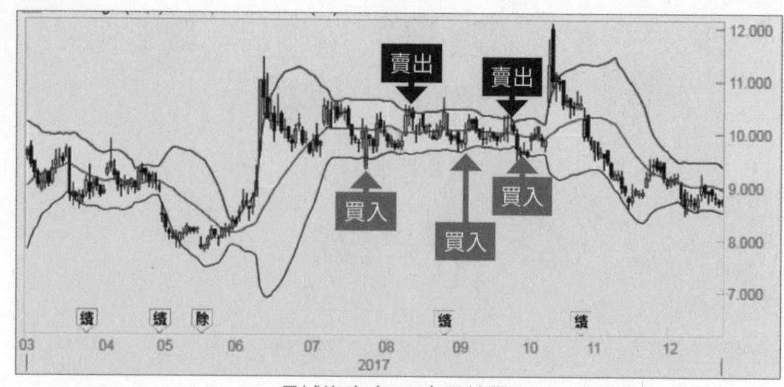

長城汽車(2333)日線圖

最後要提一提，如果進行波段交易的波幅不高，意味著每次透過差價獲利的空間都不會太多，所以要好好控制交易注碼；否則，可能會出現在「高賣低買」的情況下，由於交易次數過多，以致交易手續費超於獲利金額，這時就真的得不償失了！

甚麼情況是「沽貨」良機？

說完如何從低處撈底，當然少不了介紹如何及早發現高位見頂，然後立即套現離場。在前作《股票投資 All-in-1》曾提及設定「止賺位」是賣出的指標之一，即當股價升至高於買入價某幅度時賣出。這方法的好處是直截了當，見位即走，不需要甚麼特別的技術，但缺點就是不夠靈活，無法安全地將利潤最大化，賣出之際隨時是一個升浪的開始……

另一方面，亦有人會單用某一種技術指標走天涯，例如 RSI 升穿 70 代表進入超買區，這時就要賣出。但事實上，在一個強烈上升趨勢之中，經常會有「超買、超買，再超買」的情況；如果我們按此原則賣出，那麼就會白白浪費一個升浪：

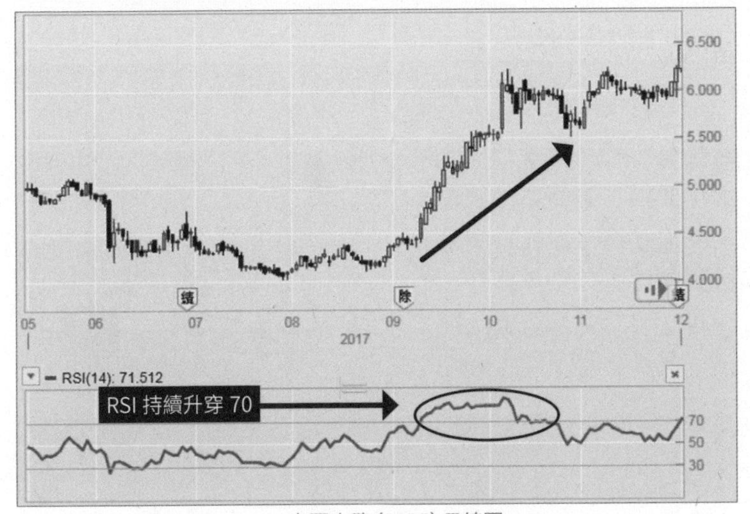

中國水務（0855）日線圖

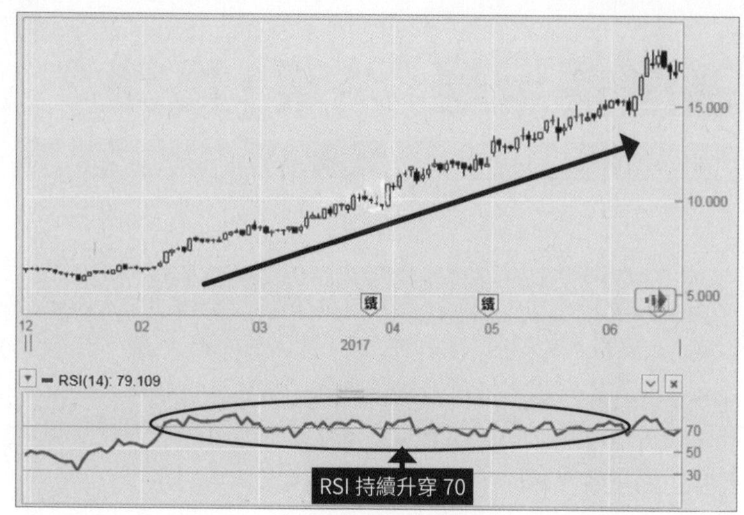

比亞迪電子 (0285) 日線圖

有見及此，我想介紹一招顯而易見的「見頂」現象，它技術含量不高，但就較以上方法靈活，大家不妨雙劍合壁，按情況選用。這招就是：「高位見射擊之星」！

高位見「射擊之星」

所謂「射擊之星」，其實是指長手燭，「長手」的原因主要是高位的沽壓甚大，淡友盡在高位出貨，令當日股價無法回升至最高點。當射擊之星於升勢期間出現，十之七八都會是見頂先兆。

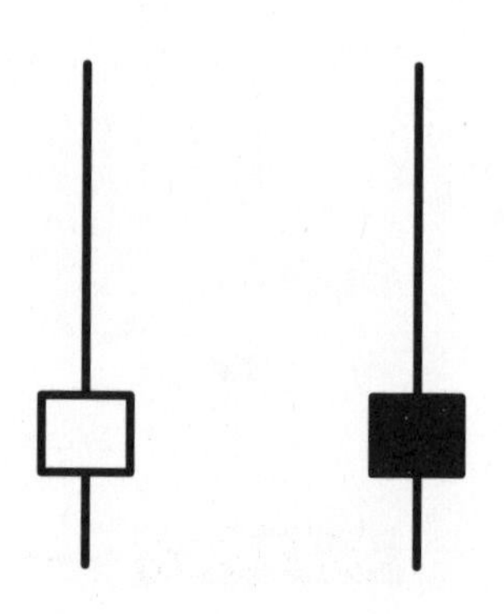

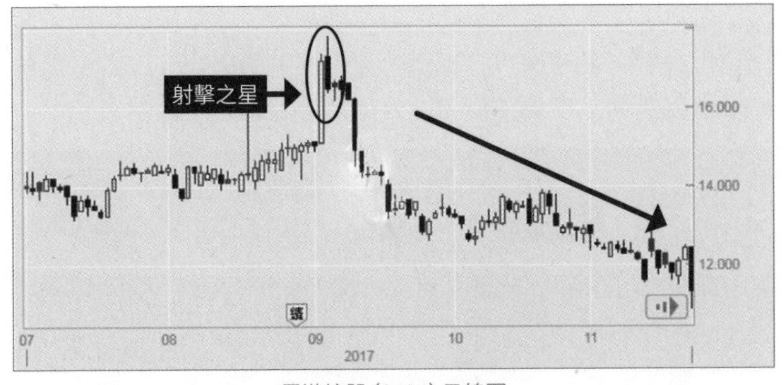

雲遊控股 (0484) 日線圖

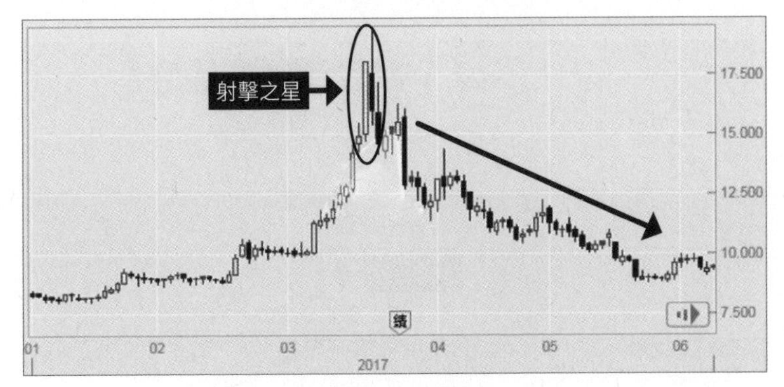

美圖 (1357) 日線圖

如果未來數天股價無法重上這個高點，同時技術指標更發出賣出訊號，就可進一步確認是見頂回落的開始，這時當然要盡快出貨離場！不信這招如此好用？看看以下眾多例子吧：

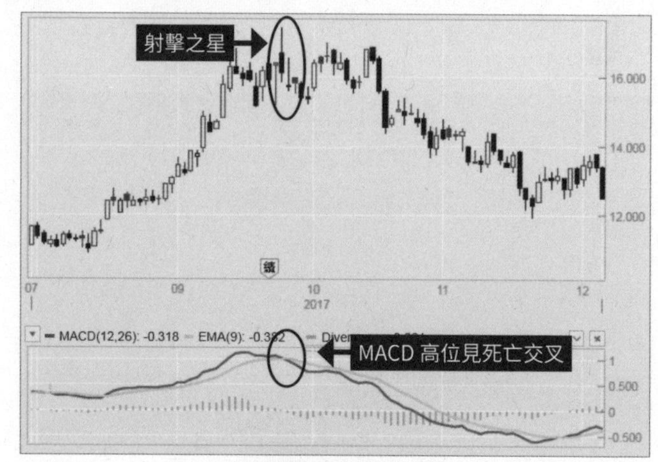

玖龍紙業 (2689) 日線圖

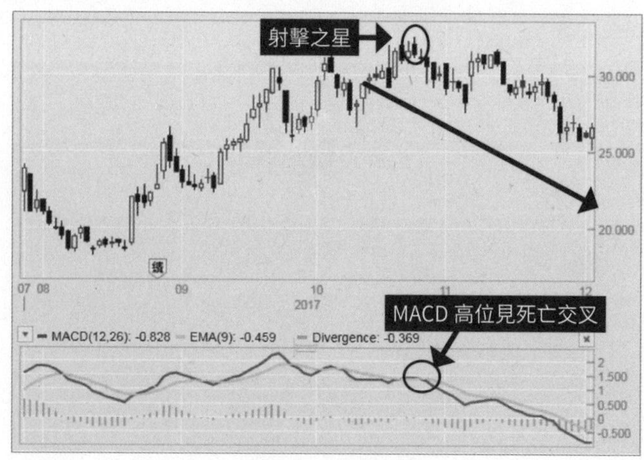

恆大 (3333) 日線圖

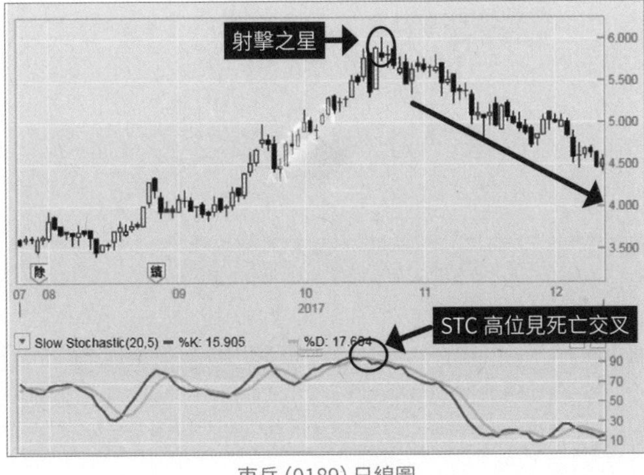

東岳 (0189) 日線圖

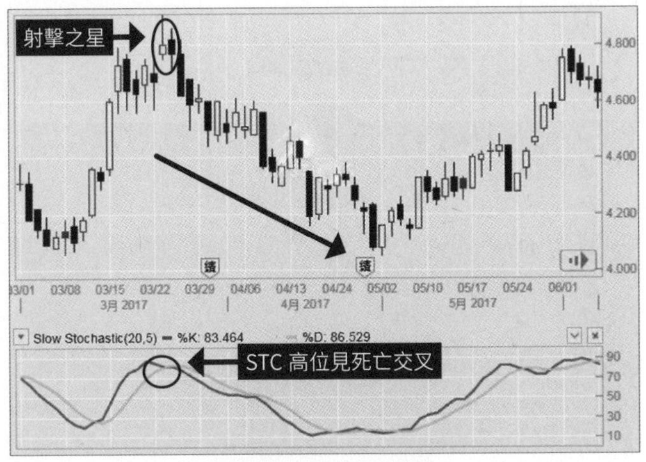

東方航空 (0670) 日線圖

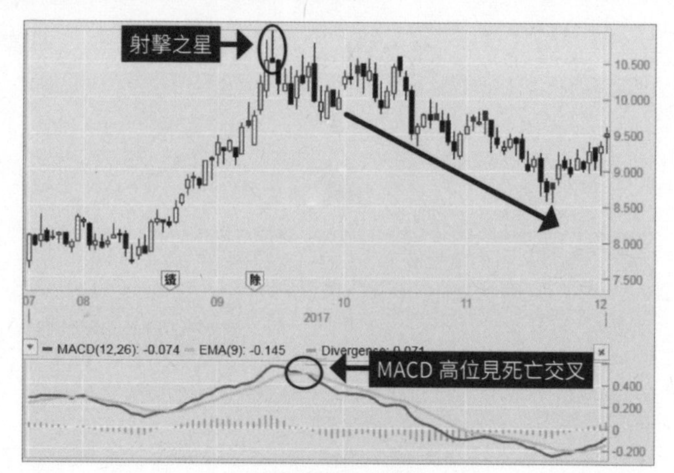

恆大(3333)日線圖

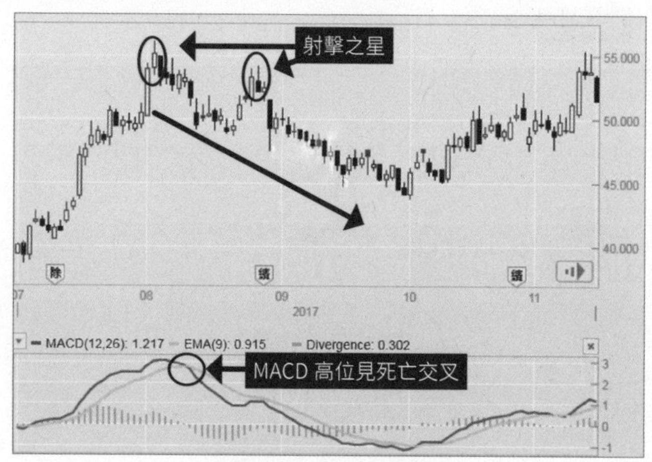

新華保險(1336)日線圖

至於新股上市時，「射擊之星」同樣可大派用場，就像以下兩個例子，於上市首一、兩日即出現「射擊之星」，其後股價就持續下行。從資金面解釋，是因為貨源一開始就集中於大戶手上，於是一上市即拉高股價引誘散戶追價接貨，同時亦有一批散戶憧憬股價會持續向好，結果大量貨源就由大戶轉移至散戶身上，導致上升動力大減，最終就出現股價無以為繼的局面，而於高位接貨的散戶恐怕都需「坐艇」一段日子才能解套。換個角度，當你抽中新股並發現股價在上市初期即出現「射擊之星」，那就應該盡快沽出，務求短時間內獲取最大利潤！

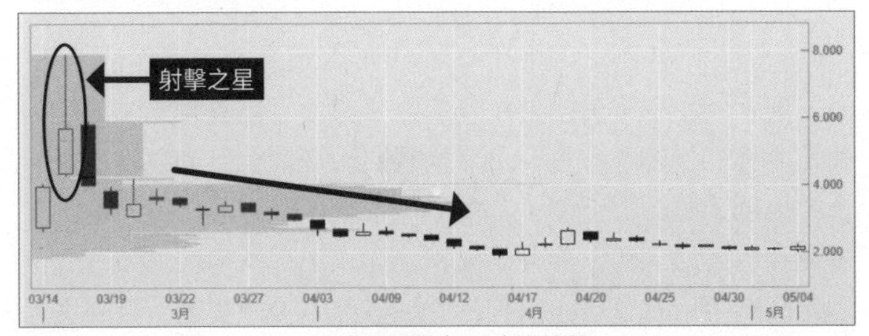

賓仕國際（1705）日線圖

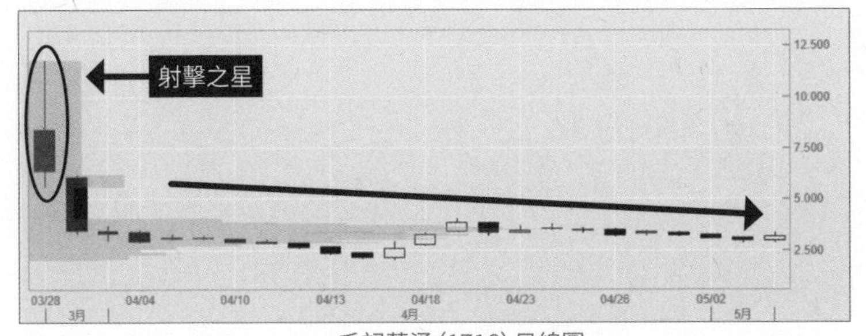

毛記葵涌（1716）日線圖

如何設定「買入訊號」預測爆升股？

前面數篇文章，已詳細講解如何運用「順勢」及「撈底」兩種方法，在對的時間買入值博率高的股票。然而這只是最基本招式，和學校考試一樣，靠「死讀書」取高分，是無法保證你將來在社會都能取得成功。要大幅提高成功預測的命中率，絕不可拘泥於傳統的基本方法，又或單調地只用上某幾種招式；而是要「無招勝有招」，靈活組合出不同的套路。

為令大家更了解趨勢交易的進階層次，筆者整理了以往預測股價爆升的專欄案例，分享當時是如何混合不同技術工具，製作出適合的「組合技」，並透過所發出的買入訊號，多次在短時間內成功達標。但要強調的是，以下所應用的方法只是一個切入點供大家參考，當你的實戰操作經驗愈豐富，自然能夠將學過的知識融會貫通，因應不同情況，製作出屬於自己的組合技！

案例 1：IGG（0799）

買入訊號：

(1) 股價以大陽燭突破「雙底」形態

(2) MACD 於負值出現「黃金交叉」

(3) STC 於 30 以下，%K 升穿 %D

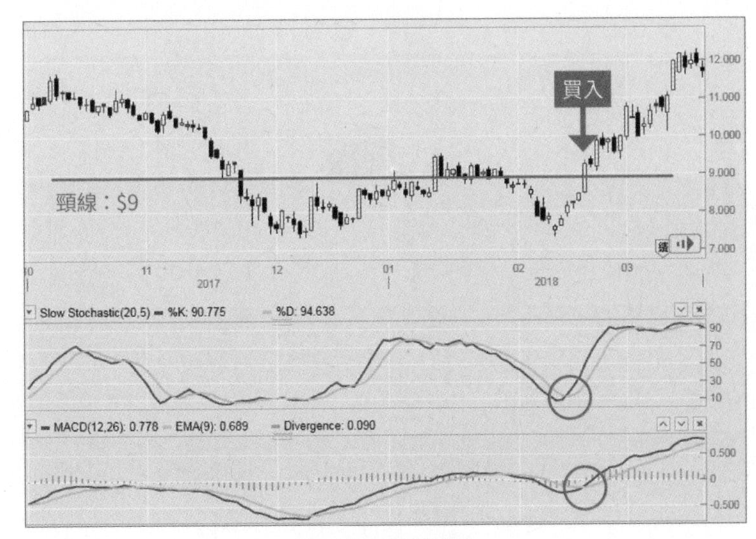

IGG（0799）日線圖

案例 2：中國龍工 (3339)

買入訊號：

(1) 股價突破「下降通道」

(2) MACD 於負值出現「黃金交叉」

(3) STC 出現「三底」形態

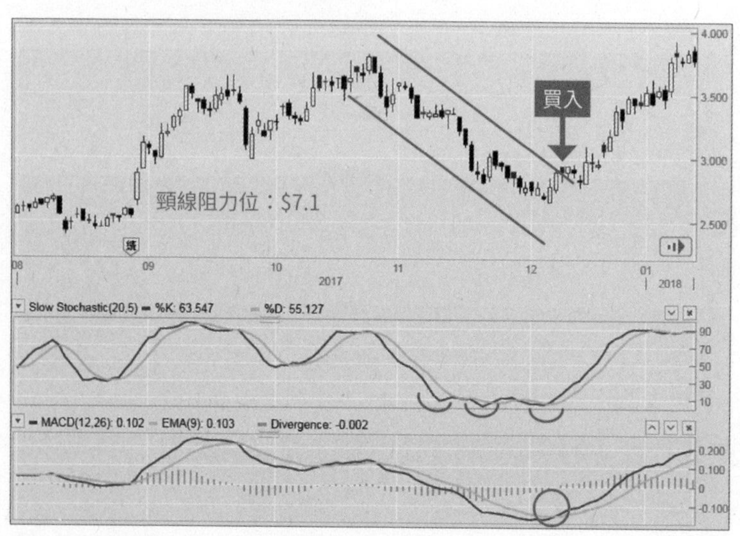

中國龍工 (3339) 日線圖

只賺不賠小股神

案例 3：昆侖能源(0135)

買入訊號：

(1) 股價突破三頂頸線

(2) 低位出現「鎚頭」

(3) V 形走勢反轉

(4) RSI 跌穿 30 超賣區後回升

(5) STC 於 30 以下，%K 升穿 %D

(6) MACD 於負值出現「黃金交叉」

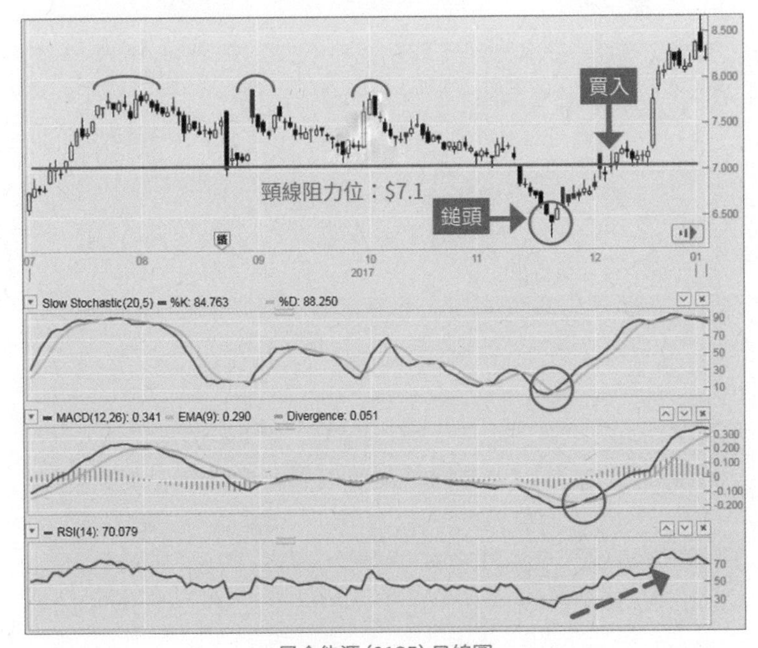

昆侖能源(0135)日線圖

案例 4：中國黃金國際(2099)

買入訊號：

(1) 股價突破「三底」形態頸線

(2) 股價出現「三白武士」

(3) 股價升穿 10、20 及 50 天均線

(4) STC 於 30 以下，%K 升穿 %D

(5) MACD 於負值出現「黃金交叉」

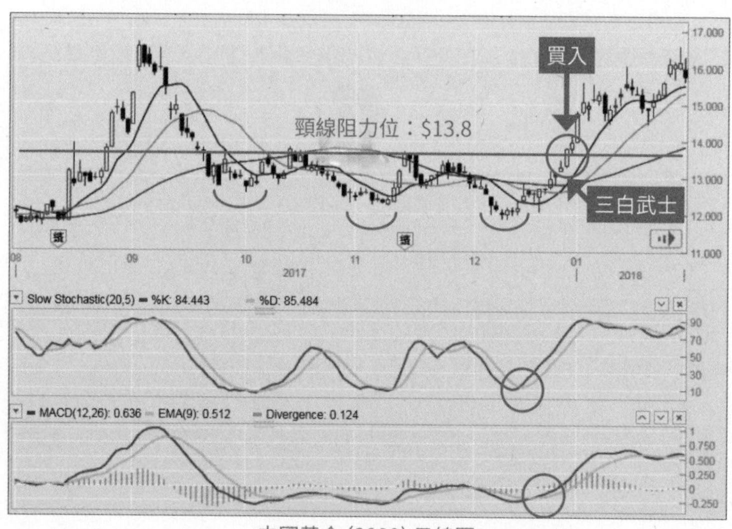

中國黃金(2009)日線圖

案例 5：天能動力（0819）

買入訊號：

(1) 高成交上升裂口成強大支持位

(2) 多次跌穿裂口支持位後迅速反彈

(3) 多次跌穿 100 天線後迅速反彈

(4) STC 於 30 以下，%K 升穿 %D

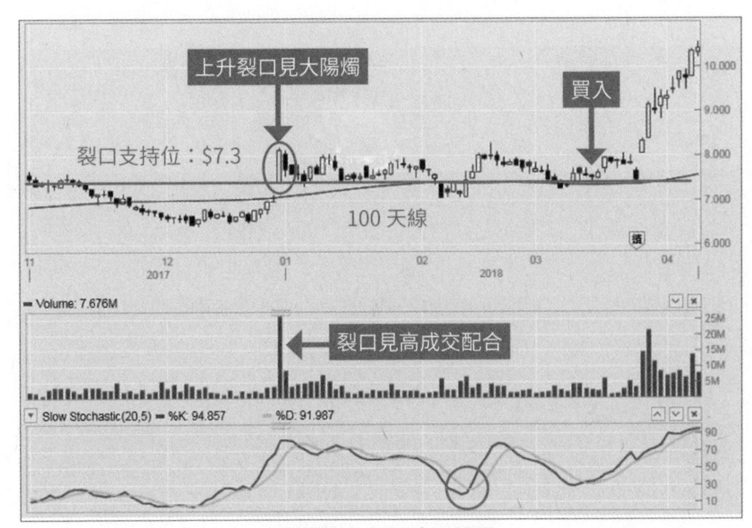

天能動力（0819）日線圖

案例 6：長飛光纖光纜（6869）

買入訊號：

（1）低位出現「鎚頭」形態

（2）跌穿 150 天線後，次日以大陽燭反彈

（3）STC 於負值出現「黃金交叉」

（4）RSI 觸及 30 後回升

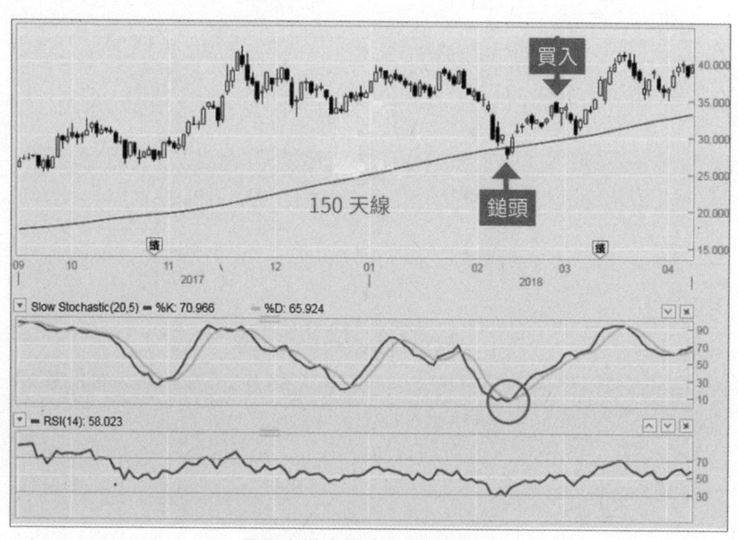

長飛光纖光纜（6869）日線圖

案例 7：新奧能源（2688）

買入訊號：

（1）保力加通道向上轉闊，突破橫行通道頂部

（2）MACD 於負值出現「黃金交叉」

（3）STC 於 30 以下，%K 升穿 %D

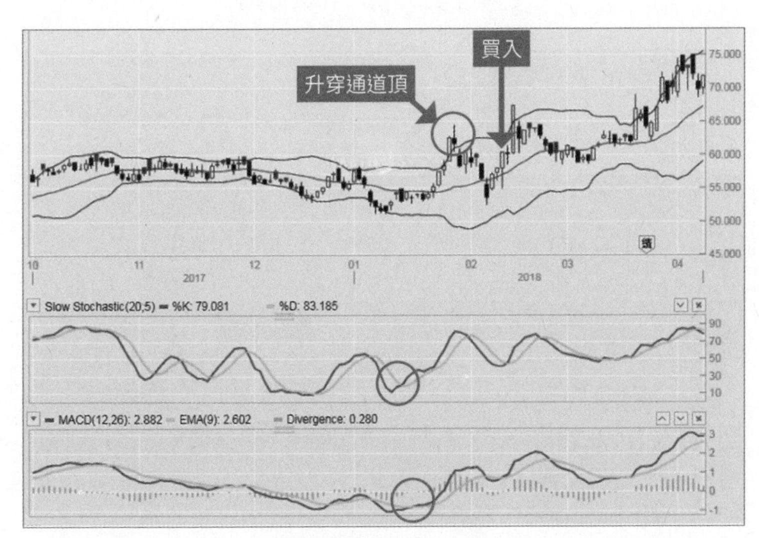

新奧能源（2688）日線圖

案例 8：郵儲銀行（1658）

買入訊號：

（1）10 天線升穿 20 天線

（2）股價出現「三白武士」陰陽燭組合

（3）「三白武士」回補下降裂口

（4）「三白武士」升穿 10、20 及 50 天線

（5）MACD 於負值出現「黃金交叉」

（6）STC 於 30 以下，%K 升穿 %D

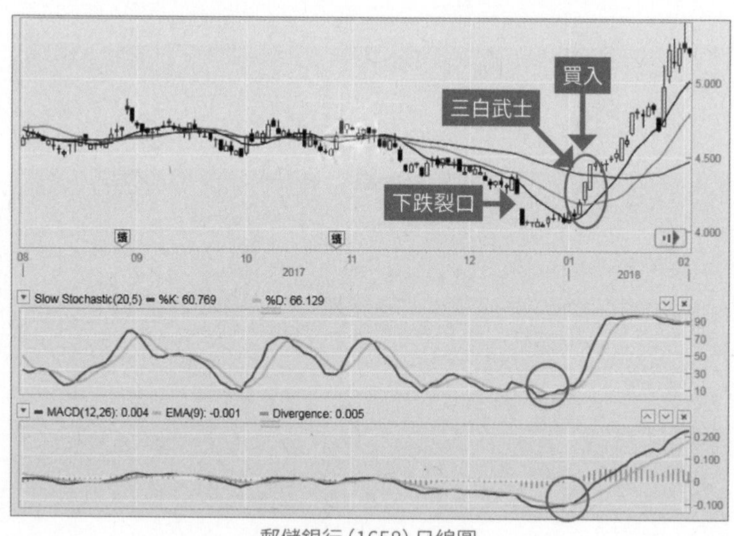

郵儲銀行（1658）日線圖

案例 9：康哲藥業（0867）

買入訊號：

(1) 觸及 150 天線反彈

(2) 大陽燭突破「三底」頸線

(3) MACD 於負值出現「黃金交叉」

(4) STC 於 30 以下，%K 升穿 %D

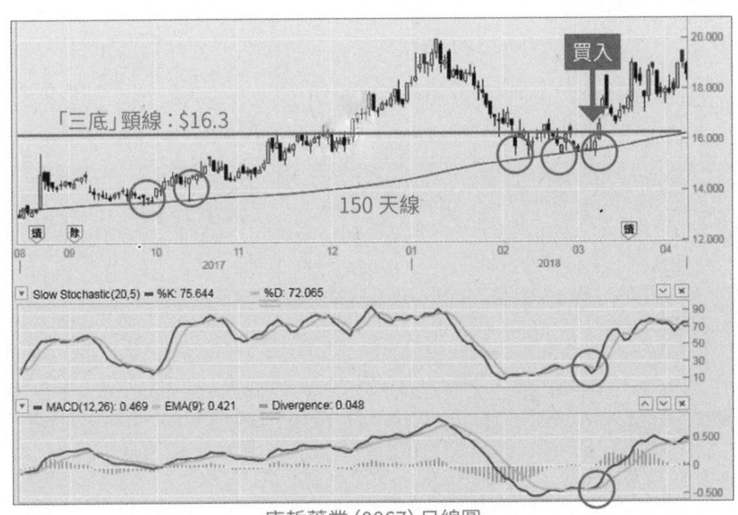

康哲藥業（0867）日線圖

案例 10：洛陽鉬業（3993）

買入訊號：

（1）股價於低位出現「鎚頭」見底形態

（2）股價見底後連日出現上升裂口

（3）股價突破「前浪頂」

（4）STC 於 30 以下，%K 升穿 %D

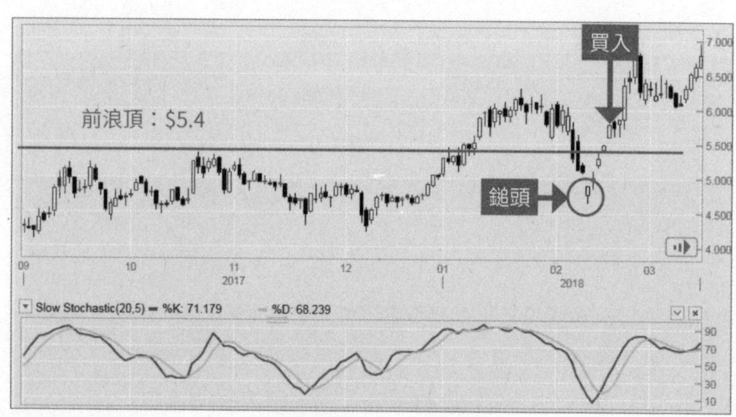

洛陽鉬業（3993）日線圖

案例 11：石藥集團（1093）

買入訊號：

（1）股價於 100 天線有支持

（2）股價出現「鎚頭」見底形態

（3）STC 於 30 以下，%K 升穿 %D

（4）RSI 跌至 30 後開始回升

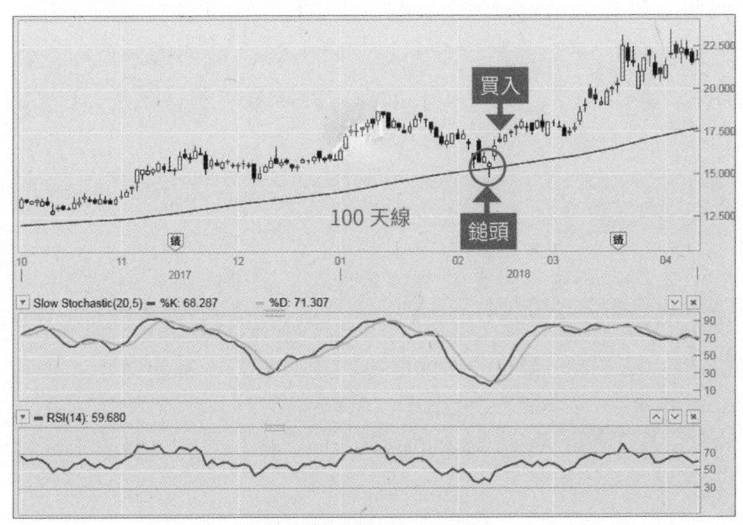

石藥集團（1093）日線圖

「消耗裂口」只是趨勢假象？

在財經新聞中，經常看到「裂口」的字眼，這往往隱含重要的趨勢預測。不過「裂口」的種類不只一種，如果是「消耗裂口」的話，缺口往往會在數天內回補；如果一見上升裂口就急於入市，就很容易中伏摸頂！

所謂「裂口」，是指股價跳空上升或下跌，在圖表留下一個空白的缺口。這種市場對股價需求的突變，往往是對消息的敏感反應。然而，市場對不同消息的敏感度都有分別，消化消息所需的時間，決定了回補缺口的速度，所以就有「突破裂口」和「消耗裂口」之分。

「突破裂口」

多數受新鮮且真實的消息所帶動，如果出現的位置是在密集區的阻力／支持位，股價亦出現連日新高或新低的話，趨勢就會持續較長時間，缺口亦要待數周、數月，甚至數年才會回補。例如，上升的「突破裂口」往往是強勁升浪的開始，愈早買入愈好；反之，下跌的「突破裂口」會是跌浪的開始，應該盡快沽貨。

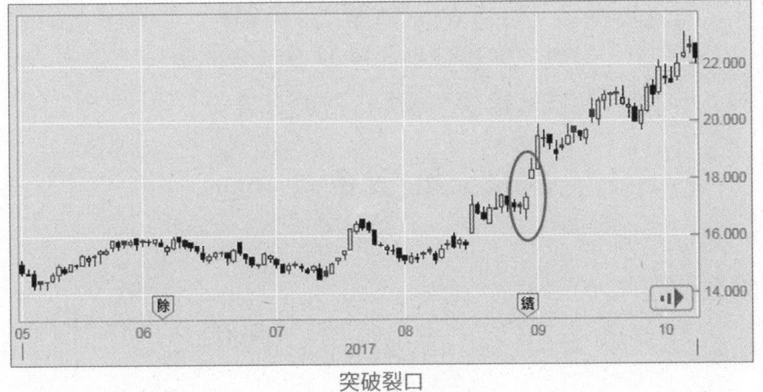

突破裂口

「消耗裂口」

雖然和「突破裂口」一樣，會出現大成交的跳空，但不會有連日新高或新底，缺口亦會在數天內回補，所以不會形成新一輪的趨勢發展。這反映刺激股價的消息，可能早已被市場炒過，亦可能只是假消息，甚至只是大戶營造虛假升勢、以圖散貨的手段，所以股價很快就回歸到合理價位。

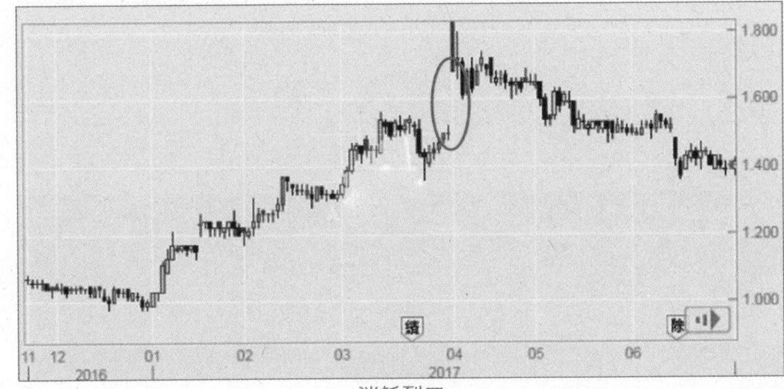

消耗裂口

遲入市總比入錯市好，當「裂口」出現時，要先了解是哪種「裂口」，例如觀察股價數天、翻查消息的真確性是否「舊料」，以及使用技術指標去確認「突破裂口」：

方法 1：「高成交量」配合

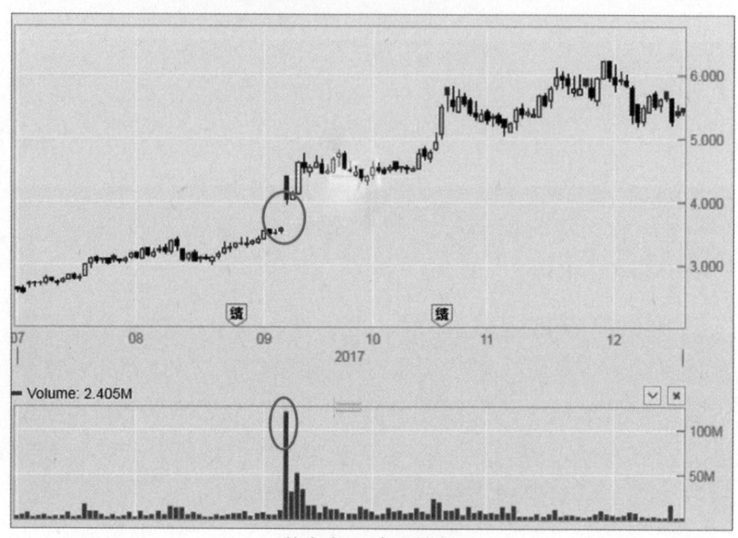

蒙牛（2319）日線圖

方法 2：MACD / STC 於低位見「黃金交叉」

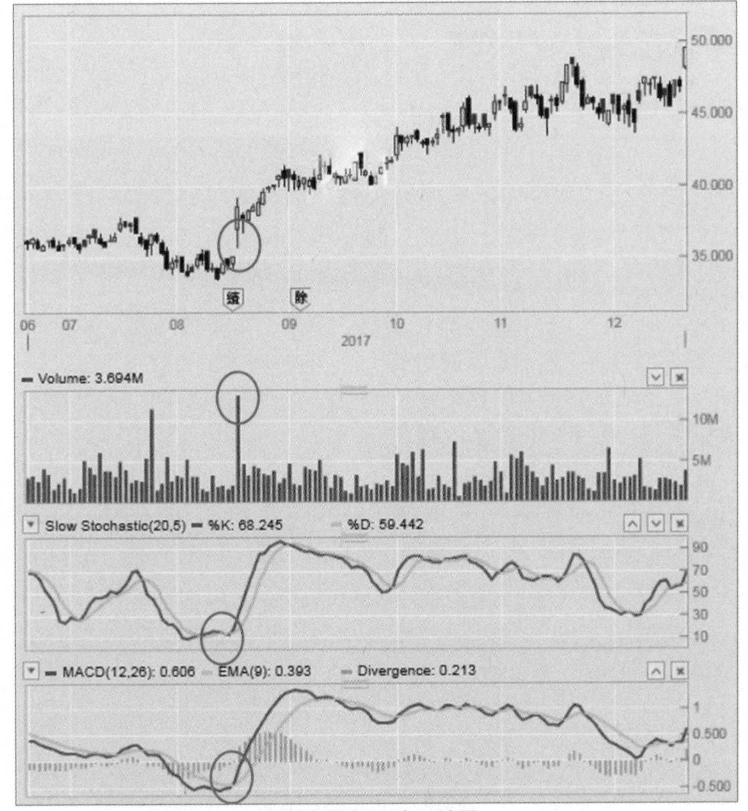

創科實業 (0669) 日線圖

另外，除淨時股價多會作出相應調整，多數會留下一個下跌裂口，但這情況屬於正常現象，跟消息判斷或技術分析無關，所以毋須理會。

哪些是常見的「莊家設局」伎倆？

剛才已提及不少以技術分析獲利的實例，但凡事無絕對，任何工具都會有缺點，本文就說一些技術分析都無法判斷的走勢。散戶一方面可利用技術分析判斷股價趨勢，同樣地，大戶亦可利用技術分析誘導散戶製造「假象」，請君入甕！以下就講解有關「細價股」、「異動股」和「尾市唦價」的陷阱：

如何避開「細價股爆煲」？

2017 年曾出現細價股「集體爆煲」的畫面，若你是「細價股」喜好者就要注意了。由於「細價股」的特點是流通份額比較少，容易股權集中，然後被大戶反利用成交量及技術走勢，操縱股價舞高弄低，散戶隨時墜入圈套而不自知！以下是常見的 3 種走勢假象，大家要份外注意：

細價股常見走勢假象	
虛假的價量齊升	價量齊升是一般的升勢現象，大戶會利用大眾這慣性思維，持續放出大成交量，製造買盤強勁的錯覺，以吸引更多人跟風買入，然後趁機出貨。
縮量但跌不深	價跌量縮通常是股價見底的現象，但大戶可能會故意緩慢出貨，誤導在高位被套的投資者再靜待觀察，以為曙光漸現，結果減低了警覺性，錯過止蝕良機。
借好消息放量出貨	大戶除資金豐厚外，更擁有強大的分析團隊和人脈，能夠在重大利好消息公布前（例如業績優秀、派發紅股），或熱門題材炒起前已經收風，並慢慢建倉及拉升股價。當消息真正公布後，大戶自然以高成交量配合，引誘後來者加入接貨，自己就功成身退。

要知道該股票是否屬於股權集中也有渠道可查詢，只要在中央結算系統（Central Clearing and Settlement System, CCASS）網站輸入股票號碼，就能得知該股的股份被哪些大額持份者擁有，以及其持股百分比是多少等。尤其隨著「港股通」的開啟，內地大戶的介入，北水隨時瘋狂入市，陷阱會變得更多元化，大家真的要小心提防、提防！

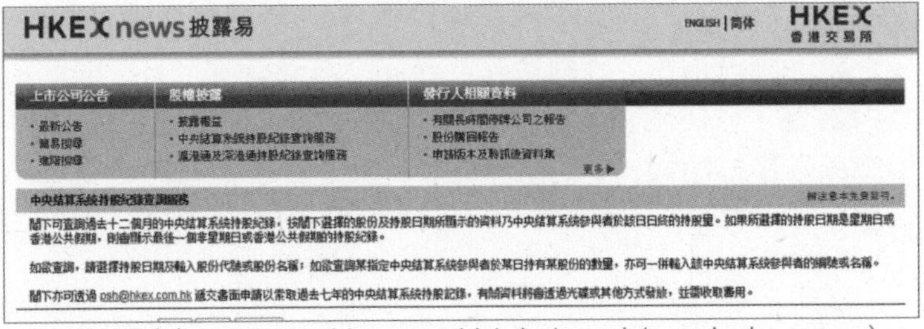

CCASS 網站（http://www.hkexnews.hk/sdw/search/searchsdw_c.aspx）

「異動股」最易中伏！

異動股，是指當日股價有大幅度升 / 跌，或成交量突然放大的股票。不少投資者會看中這類突然大升的異動股，趁機追價；又或被股價急跌嚇倒，而心急拋售 —— 但很可能，這只是大戶設下的陷阱，引散戶上釣，例如：

異動股常見陷阱	
成交量無故大增	在無任何特別消息下，成交突然比過去半個月的平均量多上 4~5 倍，但股價卻沒有明顯上升。這時可利用 50 天平均線及能量潮指標（On Balance Volume, OBV），如果兩條線都未見明顯上揚，則多數是大戶刻意製造市場熱鬧氣氛，引誘散戶落場。
尾市打壓	單支的日線陰陽燭，是無法反映當日某時段的好淡角力；但如果在分鐘圖上看到股價在尾市最後 10 分鐘被刻意打壓，使圖表上出現大陰燭的現象，這難免是有所陰謀。如果該股過去升幅不大，50 天平均線明顯上揚，同時第二天亦能輕鬆收復失地，這多數是大戶的震倉行為，持倉者千萬別被嚇走！

所以，當面對突然發大的成交量，50 天平均線和 OBV 都是不錯的測試指標，去判斷趨勢真偽；若想了解一日中的好淡角力情況，分鐘圖會比日線圖更清楚顯示。（關於 OBV 的詳細應用，可參閱前作《從股壇初哥，到投資高手！》的【價量研究篇】）

提防大戶「嘜價」陷阱！

「嘜價」的「嘜」字，其實是「Mark」的音譯，意指人為地設定收市價，是莊家操控股價的常用手段。為甚麼要「嘜價」呢？因為許多人在分析股市時，只以收市價來判斷，而大量的技術分析如波浪理論、移動平均數和 RSI 等，都是以收市價為計算準則；只要控制收市價，就能影響他們的分析結果。

計算機制上，收市價是在每個交易日最後一分鐘，每隔 15 秒記錄一次市價，然後計算五個價位的中位數所得出的。部分莊家就喜歡在此收市價機制中鑽空子，當他想吸引散戶跟風買入時，便會趁收市或接近收市時，夾準時間，進行小量特高價的買賣交易，以拉高收市價，製造升勢強勁的錯覺。同樣道理，莊家也可以人為地在收市前，推低股價，製造崩盤疑雲，伺機吸貨。

為了堵塞漏洞，港交所 2016 年重推收市競價，並設有上下 5% 價格限制，減少競價時段的股價波動，但能否有效阻止「嘜價」，仍有待觀察。另一判斷大戶是否在「嘜價」的方法，是在中間時段查看這些股份的股價，看看全日的大部分交易時間裡，股價是如何變化，是不是在尾市才突然高漲或急跌。不少財經網站（如 aastock 和 etnet），都會提供各股於當天不同時段的股價走勢，這都有助大家防止跌入大戶陷阱！

如何區分「震倉」和「出貨」？

所謂「有危必有機」，容易被莊家舞高弄低的細價股，由於買入門檻低、波幅變化大，往往是散戶喜歡的短線投機對象。如果大家認為自己行動夠快，可以緊貼大戶的行動，於收集期（震倉）齊齊入貨，拉升期齊齊散貨的話，就必須要了解莊家「震倉」和「出貨」的基本分別：

震倉	股價在上升中途出現技術性調整，回調期間股價波幅逐漸減少，甚至會在 100 或 150 天線附近徘徊，成交量亦快速萎縮。
出貨	當股價升至某高位後，莊家開始「需要」散戶接盤，這時成交量在長時期內持續旺盛，同時市場亦開始出現未經證實的利好消息或題材炒作。

由此可見，兩者最大分別是成交量的不同。雖然兩者都是在升勢中進行，但對持倉巨大的莊家來說，他絕不會用大量籌碼（即股份）來震倉，所以只需拿小部分籌碼就足以把市場平衡，所以縮量下跌是明顯的震倉特徵之一。

再深入一點，我們亦可技術分析角度，了解兩者的不同現象：

1. 「價位重心」有否下移？

由於莊家不想散戶在震倉期間執平貨，於是會營造很多利淡的技術形態（如大陰燭、長上影線、烏雲蓋頂和三飛烏鴉等），但留心就發現，股價重心並不會有明顯下移跡象。但如果是出貨，莊家反而會營造很多利好的技術形態（如大陽燭、長下影線、曙光初現和三白武士等），引誘散戶接貨，但價位是正在不斷下移。

2. 「關鍵價」有否跌穿？

莊家震倉的目的，主要是「洗去」跟風盤，而不是要嚇跑所有人，所以為了保留一部分意志堅定的散戶，震倉期間是不會跌穿「關鍵價」。而關鍵價多數是上次震倉的起始點，因為如果跌穿這價位的話，就會給上次被震走的人有機會回補差價。若是出貨，由於莊家目的是散去手中的貨，這就沒有守護關鍵價的需要。

3. 「重大關口」的反彈力度如何？

所謂「重大關口」，主要是一些歷史支持位、前浪頂，當股價跌至這些關口位時，如果反彈力度小，則是震倉，因為這可以打擊散戶持股的信心；相反，如果反彈力度大的話，那就能誘使更多場外散戶接盤博反彈，這時莊家就奸計得逞了。

入市攻略篇

投資組合必須要有「收息股」？

對投資者來說，頭號敵人一定是購買力下降，亦即通脹。通脹殺傷力有多大？舉個例，如果每年通脹率是 3%，12 年後，你的現金流購買力就會削減 30%；對一個 60 歲且不會再賺取收入的退休人士來說，到他 72 歲時會看見他每 1 元的購買力減少了 30%；到 84 歲，購買力更會降低一半。換言之，每年僅 3% 的通脹，今天的 $1，在 24 年後就只值 $0.5。

我們很容易忽視通脹對手上現金流的影響，那麼投資者可以如何抗通脹呢？最直接的方法，就是找一些每年能派出高收益的投資工具，例如是每年都會派息、且股息率有一定增長的股票。

股息率增長為何重要？假如你買一隻每年派息 $200 的股票，每年股息增長 3%，25 年後，你就每年收到逾 $400 的股息。以麵包為例，當股息增長率與麵包價格的增幅一致，你的購買力就不會受影響。底線是，你的股息最少能與通脹率一致，更好是比通脹率更高，那麼你真正的購買力才可保持或有增長。

股息率 VS 派息比率

另一方面，近年「黑天鵝」頻現，投資者都擔心經濟會否續受衝擊，而無法在股市維持穩定的被動收入，因此「食息族」都會以股息是否吸引作為選股標準。由於股息就是公司把部分純利分出來，與股東們共享的錢，所以股息多寡、派發頻率高低，都是選收息股時必須考慮的因素。最常用的方法是在同類股票中選出「股息率」較高的一個，因為「股息率」能顯示每 $1 股價可收到多少股息。

股息率 ＝ 每股派息 / 股價

至於我們經常聽到的「高息股」，多數是指股息率 3.5% 以上的股票，這在公用股、房地產信託股及商業信託股比較常見，個人會推薦：中電（0002）、煤氣（0003）、港鐵（0066）、領展（0823）、港燈 -SS（2638）和香港電訊 -SS（6823）等。同時，挑選收息股前，亦建議大家先翻查該股過去 8 年的派息紀錄是否穩定，以及股價對大市是否非常敏感等。

另有一種指標叫「派息比率」，跟「股息率」的字眼相似，很容易被混淆，但表達的東西卻完全不同，是代表公司抽取多少盈利派給股東。

派息比率 = 每股派息 / 每股盈利

站在股東角度，派息比率似乎是愈高愈好，表示公司有多願意有福同享；但從陰謀論角度看，派息比率高的公司代表只保留小量盈利，作再投資之用，很可能是因為公司欠缺未來發展大計，所以才願意慷慨派高息。

港/A股 ▾ 06823 ▸ 香港電訊 - (06823.HK)
恆指 ⬇ 30,313 期指低水 340
411 (1.34%) 成交1,011億
國指 175

收市價(港元)	升跌	▸成交量 | 手	買價(延遲)1	前收市價/開市
⬆ 10.360	+0.020	4.94百萬	10.340	10.340 / 10.400
	升跌(%)	成交金額	賣價(延遲)1	波幅
	+0.193%	5.10千萬	10.380	10.280 - 10.400

均價	10.331	沽空額/比率(%)(03/05)	93.24萬 / 1.829%
市盈率(倍)/TTM	15.385 / 15.385	每股盈利(港元)(截至 2017/12)	0.673
收益率/TTM	6.262% / 6.262%	派息比率/每股派息(港元)	96.332% / 0.649
市賬率/資產淨值	2.010 / 5.153	資金流向	-1.58千萬

香港電訊 SS（6823）之每股盈利及派息比率資料

嚴格上，由於高增長的公司需要快速擴張，需保留大部分盈利在發展之上，因此派息比率高（逾 60%）未必是好事；而派息比率低（少於 10%）甚或不派息的，亦不一定是壞事，這必須注意。

3 大重要股息日子

這裡有 3 個跟股息相關的日子，亦值得投資者注意，因為這些日子前後，通常會出現股價波動：

股息公布日	公司會於當日公布派息有多少，比較過去派息比率，投資者都會對公司前景作初步判斷，所以股價變動會比較敏感。
除淨日	即截至過戶日期前的兩個交易日。在除淨日前買入股票並持有至除淨日，才有資格獲取股息；而在除淨日當日或以後才買入該股票的人，是不會取得股息。 另需注意，由於派息後股東的錢會減少，所以在「除淨日」會即時扣除了所派股息的金額，並反映在股價上，所以股價多數會在這天下跌。
派息日	股息正式過戶至股東的日期，所以不要忘記在這天檢查戶口，看看股息是否有入賬。如有任何狀況，當然要通知相關的證券行或銀行查詢。

以上 3 大日子，都會在上市公司的官方網頁公布，而多數的免費報價網站亦會提供。而除「現金股息」外，亦有一種叫「以股代息」，公司會按盈利及各股東持股量，以特定換股價，把股票派予股東。

股息再投資：牛可攻，熊可守

要股定要息？股東可自行決定，通常都會發信件或電郵通知。基本上，如果你覺得公司前景看好，將會步入增長期，「以股代息」會是比較有利的決定。以領展（0823）為例，自 2005 年 11 月上市以來，若投資者每次選擇將現金股息轉為以股代息，由上市至今總回報更高達 7 倍以上。

股息是被動收入的來源之一，而退休人士甚至鍾愛高息股，作投資組合的主力。但其實收到股息後，不一定要立刻花掉；你可以把股息再投資，以利滾利，累積財富！

賓大華頓商學院教授 Jeremy Siegel 指出，「股息是『熊市的保護傘』，是『牛市的收益加速器』。在熊市時以股息再投資，有助累積更多的股份來緩和投資組合價值的下降；當牛市重臨，這些額外股份就能大幅提高未來的收益率。」

但要發揮「股息再投資」的複息威力，長期持有是關鍵；而且實際操作亦不容易執行，由於所收到的股息金額，往往不足夠重新投資（除非你的持股量極高），股息必須累積數年後才能進行再投資（例如買夠一手），這才較具成本效益。結果，在累積股息的這段時間，可能已錯失投入更高金額作投資的機會！

但只有部分股票，例如：港交所(0388)、滙豐控股(0005)和創維數碼(0751)等，會提供「以股代息」的選擇，你可以直接用股息換取特定的股數；即使是碎股，亦可累積至完整手數時賣出。如果你是購買基金就更方便，因為可直接要求將股息再投資在該基金，過程由基金經理一手包辦，投資者毋須大費周章。

持有收息股作長線投資，是組合中不可或缺的部分，尤其當市況轉壞時，加重收息股在投資組合中的比例，都屬於增強防守性的部署；因此，當留意到以上提及過的高息股有股價急升的現象時，往往是市場人士恐慌股市轉壞的警號，大家都要份外留意。

成為「優質爆升股」有哪些條件？

「優質爆升股」就如股壇上的白馬王子，人人都想得之。這類股本身具有一定的實力、經營業績穩定而良好，並具有可觀的成長性；而且其有關信息（如業績、內幕消息）都已被公開，很少存在「中伏」的風險，所以是投資者必買之選。

但初期的「優質爆升股」很易有「禾稈冚珍珠」的特質，例如股價曾低迷了一段日子或沒有明顯的升勢，由於不受市場的重點關注，所以需要業績或國策等題材去催化，方能「爆升」。要發掘爆升股，除要分析之前介紹過的安全度及盈利能力（即純利率、股東回報率）外，它們還具備有下條件：

優質爆升股的常見條件	
1. EPS 增長率較同業高	即使「稅後利潤總額」很大，但每股盈利很少，都表明經營業績並不算理想，致股價通常不高。因此每股盈利愈高，代表公司業績愈好，更能支持股價上升。只要與同業比較，EPS 明顯較高，且逐年上升的股票，往往都是潛在爆升股。
2. 每股資產淨值（NAV）較同業高	這是反映股票「含金量」的重要指標，每股資產淨值愈大，代表每股股票代表的財富愈豐厚，通常創造利潤的能力和抵禦外部因素的影響力也愈強。同樣地與同業比較，尤其當股市下行時，NAV 較高的股票不單抗跌力較強，甚至會有逆升向上的情況。
3. 有增量資金介入	一隻盈利能力強，且具備以上特點的股票，一定會受市場資金青睞。最明顯的現象，就是盤面的成交量會溫和地逐漸放大，同時股價漲幅亦不會過大。會有這種現象的原因，不外乎大戶要「靜雞雞」收集貨源，如果動作太明顯，就會影響收集完畢後，股價的爆升幅度。 如果發現在業績正式公布前，股價已經過快上漲，且成交量急劇放大，投資就不宜高追了。因為不排除有部分預先得知內幕消息的莊家，其實已早早建倉，並把股價拉升至相對高位，等待時機派發予散戶接貨。

4. 熊市晚期上市的新股	在熊市晚期上市的新股，市場的定價往往都是偏低，但不排除當中是有成長性較佳、潛在題材豐富，或具有擴張能力的企業而被「錯價」和忽視；當市場漸見曙光，由熊轉牛時，這類次新股往往會受市場主流資金的關注。另一方面，由於股價上方沒有長期「蟹貨區」，上升阻力較低，所以爆升的空間都較大。

回購股份，可博股價短期爆升

除以上比較「正路」的條件外，著名基金經理彼得・林奇（Peter Lynch）曾說過：「一間公司要回報投資者，最簡單直接的方法，就是回購公司的股份。」在股市低迷期，又或股價跌得太殘和不合理時，股份回購（Share Buy-back）正是公司對前景充滿信心的表現，藉以刺激股價，基本上對股東是好事來，就如 2016 年長實地產（1113），斥資逾 6.3 億港元回購股份，股價數天內就升逾 6% ！

回購是動用公司的資金，去買回市場流通的股份，而該批股份就會被註銷；隨著股份數量的減少，假設盈利不變的話，「每股盈利」和「每股資產淨值」就會增加，所以股價亦會上升。回購除可反映對前景的信心外，亦暗示了公司的資金充裕，有一定穩定股東情緒的作用。

很多時候，持股者都會趁公司回購，將股票賣出，又或短炒一轉套利。但要注意的是，如果公司單靠不斷回購來支持股價，就要小心了！因為這可理解為公司沒有把多餘資金，用於其他發展項目上，回購對股價只能帶來短暫的支持，加上「子彈」總有用完的一日，長遠來說，反而會不利股價。

「盈警股」未必跌硬，仲有機會升？

要一隻股「爆升」，有時又未必一定要「優質」。我們經常看到企業會發盈警和盈喜，直觀地想，盈警表示盈利倒退（甚至虧蝕），股價理應下跌；盈喜則屬好消息，應該會利好股價……但現實卻時有「盈警股不跌，盈喜股倒跌」的情況！最大的原因，投資是看前景而非過去，不要單看盈警盈喜公布年的單一數字，更要留意四季純利的變化；此外，股價變動亦可能已在盈喜盈警發出前反映，所以消息早被消化。

舉個例，賣鞋的達芙妮（0210）在 2017 年 3 月時發盈警，料 2016 年虧損 8 億元，但消息公布後，股價依然靠穩，沒出現大跌，當中的玄機很可能是早已跌盡！其實由 2012 年的高位計，達芙妮當時的股價已跌足 9 成，虧損早已是市場預期；另一方面，雖然同店銷售上季依然是下跌，但跌幅就較 2016 年溫和，大有見底的跡象，結果就出現「發盈警不跌」的現象。

還有些是「假盈警，真盈喜」的情況，例如國壽(2628)2017年3月時發盈警，料去年全年純利跌4成，但細看之下，原來第4季的純利是按年增1.2倍，意味按季轉虧為盈，屬於「真盈喜」，結果刺激當日股價逆市上升。

最重要是，盈警盈喜公布的只是大概數字；當日後正式公布業績時，如果純利沒有盈警所公布般差的話，更可能會令股價反彈！總之，大家切勿一見盈警就急於出貨，魔鬼在細節之中，盈警股隨時會是爆升股呢！

以上提及的，主要是從基本面及消息面的角度去尋找爆升股，但實際操作時，必須結合【趨勢交易篇】介紹的操盤技巧，因為投資世界絕非直線運行，業績好的公司未必會即時從股價反映，而消息催化劑亦無法預知何時出現，要增加找出爆升股的命中率，必須運用趨勢交易的技術工具，從趨勢的蛛絲馬跡做好入市的決定。

如何從「國策機遇」，部署長線投資？

香港股市的板塊輪動、牛熊波動，肯定離不開「北水」和「國策」的刺激，而國家發出的投資主題，往往較企業政策變動的消息（例如收購、合併、分拆、回購和管理層變更等）有保證，所以國策概念股較值得長線持有。無論你愛國與否，身為投資者的你，務必要掌握「阿爺」的心思和經濟發展大計，然後把資金投資在相關的行業板塊，相信都能夠帶來可觀的回報。以下會簡單分析一些重點國策，如何為個別行業板塊帶來影響：

「一帶一路」：帶動「鐵路基建股」

習近平提出的「一帶一路」，連結歐亞大陸沿線國家的經貿及基建發展，是中國未來的重點發展項目；在這主題驅動下，「鐵路基建三寶」：中國中鐵（0390）、中鐵建（1186）和中交建（1800）相信會持續受市場資金關注。

雖然 2016 年底市場憂慮中國的基建項目，會受去槓桿化影響資金供應，令相關股份一度大跌逾 1 成；但其後中國鐵路總公司宣布，會全面完成國家下達的國家資產投資計劃，並推動鐵路企業混合改革；加上國務院亦通過「西部大開發十三五規劃」，種種因素都有利銜接一帶一路的建設項目。

當中的內地鐵路基建龍頭的中鐵建，亦於 2017 年成功與亞投行就深化「一帶一路」合作、積極拓展海外業務達成共識，建立起更加緊密的銀企合作關係，在這強大背景支持下，也會是股價上升的催化劑，亦可能是「三寶」中最快跑出的一隻。

「粵港澳大灣區」：掌握「深圳基地」概念股

「粵港澳大灣區」發展藍圖是未來數年最重要的投資主題，隨著珠三角地區在人流和資金流方面更暢旺，愈來愈多人會看中其優勢而遷移至當地生活，所以當地的房地產發展絕對不容忽視，其中龍光地產（3380）持有眾多珠三角地區新盤，在各內房股中亮點最大。

除有利地產項目外，當地的交通亦會更頻繁，深圳國際（0152）和深圳高速（0548）一類的公路股，自然受惠不少；其中深圳國際的主要資產，更是大灣區內的主要收費高速及幹道，加上前海用地的發展潛力，「野村證券」的報告就分析，深圳國際的盈利將會翻倍！

「粵港澳大灣區」屬於中長線的投資概念，眾多科網概念股如騰訊（0700）、金蝶（0268）以及創維數碼（0751），它們的總部同樣是位於深圳。隨著未來會吸引更多人才到當地就業，將為於該處作戰略基地的企業帶來競爭優勢。

「健康中國 2030」規劃：留意 3 類「醫藥股」

「健康中國 2030」規劃，強調提高人民健康水平、優化健康服務等，加上人口老化問題，中央對改革醫療行業有相當的決心。但醫藥行業的產業鏈監管度高，潛規則又多……如果是憧憬國策而想投資醫療股的話，建議對它作基本認識，首先需了解它的 3 大分類：

製藥類	例子：中國中藥（0570）、石藥集團（1093）、華潤醫藥（3320） 主要分為中藥及西藥企業，且需知道它們是賣甚麼種類的藥，例如製造專利藥和首仿藥的，毛利會比較高；但如果是生產維生素、抗生素等常見藥物，由於市場競爭激烈，毛利就會較低。另要留意哪些是政策性藥物，會納入降價的範圍，因為這對盈利會有影響。
醫療保健類	例子：華潤鳳凰醫療（1515）、康華醫療（3689） 非製造類的醫療服務，例如營運醫院、分銷藥品、藥品零售和醫療推廣等。隨著發改委部署醫療服務價格的改革工作，開放醫院服務價格自由定價，有助推動行業增長。
醫療器械類	例子：微創醫療（0853）、先健科技（1302） 生產一切與醫療有關的儀器，低毛利低風險的有針筒膠布，高毛利高風險的有內窺鏡設備、神經外科手術器械等。醫療器械，正是「十三五規劃」的重點支持發展產業之一。

除認識各分類的特點外，投資醫藥板塊時，亦需注意當中風險，包括：原材料價格周期變化、突發出現的產品安全問題等。更要注意的是，2018 年已全面實施的「兩票制」，「兩票制」即是在藥品流通過程中，藥品從生產企業到流通企業開一次發票，流通企業到醫療機構開一次發票，這意味小的藥物經銷商、二級或二級以上代理商將被淘汰，而國藥控股（1099）這類藥物經銷商的結算對象，將是較強勢的醫院，結果應收賬款的款期就會更長，如何減輕資金壓力將是經銷商的重大考驗。

「供給側改革」：「水泥股」需留意成本因素

水泥股2017年開始回勇，主要是受惠中央的供給側改革，加速去產能目標，令水泥價格持續回升。其中「雄安」概念股之一的金隅，因為有明顯的地域優勢，再加上去年和冀東集團重組後，大大提高了當地的水泥集中度及經營效益，亦是長期利好。阿爺為求「穩」增長，增產能技術改造、企業兼併整合等措施，預料將持續提高經營效率，大家可多留意水泥股的投資機遇。

雖則方向上國策是有利產能控制，但投資水泥股亦需注意各項成本考慮，包括水泥、煤和電。由於水泥的運輸成本甚高，水泥公司會選擇在「地頭」銷售產品，因此水泥的價格是有地區性的，例如華東及華南的水泥一哥是安徽海螺（0941），而西部水泥（2233）就是陝西的水泥生產商。由於各地水泥價格不同，投資個股時要從當地的市場供求作考量。

而製造水泥更要消耗大量煤炭和電力：煤炭價格上升，會加重水泥的成本，投資水泥股要同時留意煤炭價格的波動（因此水泥股和煤炭股時而出現相反走勢）；電力供應則受中央監控，價格會比較穩定，但過去就曾因在用電高峰期實施了「限電措施」，影響了水泥生產，這風險都需留意。

最後，水泥屬於建材的一種，基建和樓房都會用上水泥，所以中央對樓市調控的措施，其實都影響著水泥股的表現，可見內地樓宇銷量因素亦不可忽視！

汽車進口放寬，有利 4S 店盈利增長

根據國家統計局資料，2016 年底，全國居民每百戶家用汽車擁有量為 27.7 輛，同比增長為 21.9%；相比其他發達國家（如歐美及日本），平均達「一戶一輛」的水平，反映中國汽車市場甚具增長空間，剛性需求依然強大！當中製車商吉利汽車（0175）和長城汽車（2333）都是自營品牌的中堅分子。

值得一提的是，發改委於 2018 年 4 月宣布未來五年逐步放寬外國車進口，除削減關稅之外，外國車行將可直接於內地賣車，意味一直與外國車行進作合營品牌的企業，包括華晨中國（1114）、北京汽車（1958）和廣汽集團（2238）的盈利將會遭受衝擊，因此當時消息一出，以上企業的股價都出現急挫。但「一雞死，一雞鳴」，作為汽車經銷商的 4S 店，例如永達汽車（3669）和正通汽車（1728），由於其收入主要是來自汽車銷售，所以無論是進口車還是國產車，只要市場有需求就能夠受惠，所以政策對它們反而有利。

供應方面，由於汽車的產業鏈甚廣，分析時需全面考慮鋼鐵、橡膠、石化、玻璃、機械及電子等材料價格，這些都是主導成本的重要因素；由其隨著經濟轉好或通脹升溫，材料價格

都會上升，並減少汽車公司的盈利，如何將成本轉嫁至消費者，以保持盈利增長，都是投資汽車股要考慮的地方。至於近年積極開發的新能源汽車，例如比亞迪（1211）的前景卻未言樂觀。由於 2016 年底國家宣布降低補貼，因此企業如何控制成本，以抵銷補貼下降，將成新能源汽車發展的關鍵。

國策支持加價，「燃煤股」值得關注

企業盈利要上升，不外乎「減支出，增收入」，而「燃煤股」正好迎來這強大優勢！由 2017 年 7 月起，發改委將減少向發電企業徵稅，變相提高其上網電價，絕對有利燃煤行業；其中燃煤業務佔總收入 9 成的發電企業，例如：華潤電力（0836）、華能國際（0902）及華電國際（1071）受惠最大！

由於近幾年煤價持續上升，令燃煤企業盈利深受打擊，使一向股價平穩定的公用股都出現股價持續尋底的怪現象。現時燃煤行業正進入供給側改革的利好時機，而煤價則進入回落階段；此消彼長下，燃煤業股價反彈空間甚大，尤其以上提過的三隻股票，股息率都有 2.5% 以上，亦算是「攻守兼備」；而燃煤業務佔了總收入 3 成以上的中國神華（1088），都是另一不錯的選擇。

鬆綁期貨交易限制，料吸外資湧 A 股市場

為實施「鄉村振興戰略」和服務國家脫貧攻堅戰，「期貨」字眼自 2016 年起已連續三年出現於中央一號文件。2019 年 4 月，中金所再提高期貨市場流動性，進一步鬆綁股指期貨的交易限制，包括：

- 將中證 500 股指期貨交易保證金標準調整為 12%
- 日內過度交易行為的監管標準調整為單個合約 500 手
- 平倉交易手續費標準下調至成交金額的 0.0345%

另外，中證監亦擬允許社保基金、商業銀行、保險基金、國有化公司、QFII（合格的境外機構投資者）和 RQFII（人民幣合格的境外機構投資者）參與期貨市場，上述措施料將吸引更多資金流入 A 股市場，刺激期貨交易量增長，期貨概念股亦可留意。

作為港股少數標的魯証期貨（1461），自 2015 年上市已積極開展期權經紀業務，2018 年終成為股票期權市場的「一哥」，搶佔全市場交易量份額的 7.20%；其他期權業務亦表現亮麗，白糖和豆粕的期權成交量分別排名該市場的第 3（市佔：7.79%）及第 5 位（市佔：7.31%），魯証在未來料更受惠於市場的改革。

中國鐵塔（0788）：5G 不二之選

全球規模最大的通信鐵塔基礎設施服務提供商——中國鐵塔（0788）擁有中移動（0941）、中聯通（0762）及中電信（0728）作為大股東，而以上三大通信運營商則在中國移動通信市場的份額合計約 100%。通過宏站、微站與室分相互補充與配合，中國鐵塔會向通信運營商提供站址資源和服務，並以較低成本協助運營商提升特定區域移動通信覆蓋面積，整體提升室內外的移動通信網絡質量，提供以「資源共享」為核心的跨行業站址應用與信息業務。

宏觀戰略上，中國鐵塔對中國通信市場進行全國性的 4G 網絡擴展及未來組建 5G 網絡極為重要，由它所建設的站址遍布中國 31 個省、直轄市及自治區，覆蓋所有的城市及廣大的農村區域，截至 2018 年 3 月 31 日，由中國鐵塔運營並管理的站址達 1,886,454 個，而服務對象則有 2,733,500 個租戶。若按站址數量、租戶數量和收入計，中國鐵塔在全球通信鐵塔基礎設施服務提供商中均位列第一。單以站址數量計，其於中國通信鐵塔基礎設施市場中的市場份額為 96.3%；以收入計，市場份額則為 97.3%，可見其壟斷力之強。

隨著物聯網、大數據和人工智能等技術快速發展，勢必帶動中國社會全行業信息化建設需求的爆發式增長，而中國鐵塔更是中國實現網絡強國戰略不可或缺的推動者。根據沙利文報告，在中國用戶數量及移動通信數據流量增長等因素推動下，2017 年至 2022 年，中國通信鐵塔基礎設施市場規模預期將由 706 億元（人民幣・下同）增至 1,091 億元，複合年均增長率為 9.1%。綜合而言，中國鐵塔絕對值得中長線持有。

當然，以上分析的國策只是大方向，任何的變動，例如取消或增減對某些行業的補貼，都可能在未來隨時發生，本文所述並非永恆不變！因此，我們要多留意國策的動向，機動地對應國策消息，並靈活調整手上的投資組合，絕不能買入後就置之不理！

怎樣從「宏觀面」推斷牛熊走向？

投資者參與股市無非想獲利，但股市絕不會只升不跌，甚至不同行業板塊在同一日都會有升跌的兩極化差異，可見牛熊共舞是必然現象。不過，如能掌握在牛市初中段入市，參與股價飛升的大勢；以及在熊市晚期收集價格低殘的好股，靜待轉勢向上的來臨，這都是最理想的入市原則。

要判斷牛熊市的最直接方法，就是從實體經濟著手；由於股市和實體經濟是密不可分，透過觀察宏觀經濟數據的變化，亦可判斷股市未來的大方向。雖然股市的反應，往往會先行於經濟數據，但無論是牛市或熊市，股市都會以波浪式推進，絕不會一下子升高或急跌；只要密切關注財經消息，不貪圖「賣在最高點，買在最低位」的話，我們仍有機會於「高處逃頂、低處入場」，依照市場規律作出適當的部署。

1. 政治局勢

當政治氣氛轉差，甚至出現國家間開戰的消息，都會造成民生及經濟的動盪，投資者會因避險而投資債券、貴金屬等資產，資金會從股市流出，令股市產生動盪。

但開戰並非只有打打殺殺，貿易戰亦是其中一種。例如，在 2018 年「中美貿易戰」開端，美國宣布對入口的鋁材和鋼鐵提升關稅，消息一度令中國鋁業（2600）股價急挫。及後爭端轉移至芯片市場，5G 設備商中興通訊（0763）受美國制裁而被「斷供」芯片，市場看好中國將加速研發自主芯片，結果一眾國產芯片股如中芯國際（0981）和華虹半導體（1347）反而受資金追捧而股價大漲。

由於市場憂慮製造高科技產品的企業會步中興後塵，於是資金都紛紛流出手機設備等板塊；但「聰明錢永遠有落腳地」，資金反而流入了食品一類的內需板塊，蒙牛（2319）、青島啤酒（0168）及中國旺旺（0151）的股價在此期間都不斷破頂。

2. 匯率

在 2017 年初，經常聽到內地走資導致人民幣持續貶值，你是否知道為何貨幣間的兌換率（匯率），是跟資金流向息息相關呢？投資者如能了解環球資金的整體流向，錢在哪些國家流出？在哪些國家流入？這對部署在甚麼地方投資哪類產品，都會有更深入的啟示！

基本上，貨幣匯率的升跌，主要跟該地的經濟環境有關。舉例，假設美國經濟蓬勃，造就美股向好，不乏投資機會；而英國經濟疲弱，英國居民自然會出售英鎊及買入美元，投資美國市場，資金就會從英國流向美國。隨著美元需求增加，英鎊需求下降，美元兌英鎊就會升值；反過來說，我們亦可由匯率的變動，發現市場資金流向的變化，判斷實體經濟及金融市場的未來走向。

匯率的變化，深深影響市民生活及企業活動的開支，以香港為例，如果美國加息，會造成資金從香港流出，令港元貶值，結果會影響股市。幸好香港有「聯繫匯率制度」，萬一港元疲弱（如 1 美元兌港元，跌至 7.85 水平），金管局就會對市場進行注資，沽美元、買港元，減少港元在市場的供應量，以維持 1 美元兌 7.8 港元的水平。

此外，投資者亦可從「銀行體系結餘」看到資金流向的變動。例如，金管局每次承接美元買盤後，都會令銀行體系結餘減少，投資者就可到以下金管局網址，了解「銀行同業市場流動資金狀況」：https://goo.gl/Ytcqzn，從而對港股的資金流向作進一步的估測。

3. 利率

為應對通脹帶來的民生問題，政府多數會推行緊縮政策，令利率上升，但結果會造成企業的經營成本上升，進一步削弱利潤，最終都會導致股市下行。

另一方面，「息差」對港匯亦有重要影響。由於近年美聯儲持續加息，致使港美息差不斷擴闊，最終在 2018 年 4 月，金管局啟動了港元的聯繫匯率機制，出資在市場買回大量港元，平衡「弱港元」的狀況。由於收窄息口是不能避免，當時市場就憧憬香港將會加息，一眾本地銀行股如恒生銀行(0011)及中銀香港(2388)亦有出現漲升的情況。

4. 經濟指標

新聞會定期報道的經濟指標，主要是GDP和失業率。GDP升、失業率跌，都意味經濟成長向好，自然利好股市。但如果GDP連續數月下降、失業率亦持續上升，則可能是經濟衰退的開始，即使股市有「國家隊」資金介入，亦由於缺乏實際經濟支撐，股市轉熊仍是不可避免。

5. 通貨膨脹

CPI高低直接反映通脹走勢，當CPI持續上升，物價自然會上揚，企業的經營成本升高的同時，多數低收入與固定收入者的購買力都會下降，民生受影響之餘，企業的獲利能力都將會下降。

縱使通脹初期，股市會因貨幣供應量增多而刺激生產、增加利潤，促進股市瘋狂上揚；然而這蜜月期亦不會維持太久，一旦通脹持續，企業盈利必然會因上述原因而下降，這時股市就會開始轉壞。

6. 房地產景氣

房地產景氣與股市盛衰是非常同步，無論是住宅或是商業用途，都需要土地建房發展，因此對地產股、水泥股、鋼材股、重型機械設計股等都是利好。整體經濟向好，自然多人買樓，企業亦會擴大基地發展，然後投資情緒高漲則進一步推動股市向上。

除以上宏觀因素外，如果發現股市出現「非理性暴漲」，都可判斷為「牛轉熊」的先兆，這時候當然要出貨離場：

股市「非理性暴漲」特點

1. 多數股票市盈率都偏高，偏離實際獲利能力

2. 多數股票出現價漲量縮現象

3. 細價股出現連日爆升

4. 各項技術指標（如 RSI、MACD、STC）顯示嚴重超賣

5. 街頭巷尾人人都談論股票，對股市前景非常樂觀

然而，股票投資未必要在牛市才可獲利，利用衍生工具（如期權、窩輪、牛熊證）或沽空，在熊市時都會有賺錢機會。若想了解更多關於衍生工具的應用，筆者推介閱讀《期權速獲利 Flash!》（作者：周梓霖）和《Leverage! 牛熊窩輪全面學》（作者：高俊權）兩書；至於想認識沽空的進階操作，則可參考筆者另一作品《從股壇初哥，到投資高手！》的【沽空技術篇】。

人民幣升值如何影響「行業板塊」？

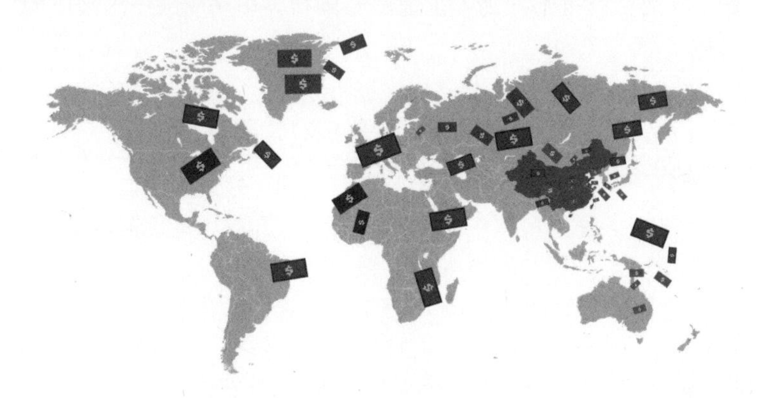

中美貿易戰期間，市場憂慮會為中國實體經濟帶來嚴重衝擊，使近年人民幣匯價出現下行，但無疑的是中國在世界經濟的地位愈來愈舉足輕重，「一帶一路」的推行，更進一步推動人民幣國際化應用，所以長遠而言，人民幣升值仍會是難以逆轉的大趨勢，投資者如能按此方向投資適合的資產，應會取得不俗的回報。

基本上，貨幣匯率的升跌，主要跟該地的經濟環境有關。舉例，假設中國經濟蓬勃，造就A股向好，不乏投資機會；而英國經濟疲弱，英國居民自然會出售英鎊及買入人民幣，投資中國市場，而資金就會從英國流向中國。隨著人民幣需求增加，英鎊需求下降，人民幣兌英鎊就會升值；反過來說，我們亦可由匯率的變動，發現市場資金流向的變化，判斷實體經濟及金融市場的未來走向。

由於外國熱錢對本土貨幣升值的預期，必然會加快其流入速度，繼而推動股票和房地產市場價格上漲。但當本土貨幣升值，出口產業都必然會受挫，影響本土實體經濟發展；相反地，本土貨幣貶值時，雖然有利於出口業，但外國熱錢就會從本土流出。因此匯率的波動，都會對不同行業板塊造成不同程度的影響：

人民幣升值下的「受惠」及「受損」行業	
受惠行業	最直接受惠於人民幣升值的，是以內銷為主（即產品是在中國境內定價），而成本是受國際水平影響（如貨款是以美元結算）的企業。因為人民幣升值會令買入的原材料變得便宜，企業就能受益於成本下降而增加利潤。相關行業包括：房地產、建築、商業零售、能源和造紙等。 其次，以持有人民幣作現金為主的內銀及內險業，由於業務和產品是以人民幣結算，所以人民幣一旦升值，這類企業的估值和資產都會上漲，所以是利好。 第三，具有巨額外幣債務的航空業，都會因為人民幣升值而帶來較大的匯兌收益，同時，升值都會令油價（以美元兌換）成本下降。
受損行業	剛才提過，人民幣升值是不利於出口企業。因為這些產品是於國外銷售或由國際定價，但成本主要由國內價格水平決定，而於人民幣升值就會降低產品出口競爭力，同時受外幣貶值因素影響變相增加了企業成本。 相關行業包括：家電、紡織、OEM 生產商、手機設備和航運等，投資這些行業就要份外小心了。

如何捕捉「熱炒板塊」獲利？

股票交投愈活躍，代表市場的買賣成交愈頻繁，有貨亦比較容易「甩手」（當然如果你的提價遠高於市價，都不會有人理會你）。而「熱點板塊」通常是市場人士的主流交易場所，所以必須具有一定的市場號召力和資金凝聚力，並且能有效激發穩步上揚的人氣。

最理想的股市氣氛，就是當一個主流熱點板塊經過快速飆升階段，開始漸進衰退期，但及後就有後續熱點及時接力的話，往往有利股市行情的縱深發展。然而，從股市健康的角度看，熱點轉換太頻繁亦非好事，因為熱點太分散的話，就無法形成有持續性的主流熱點，大市很容易形成階段性頭部，甚至會導致冷門板塊出現補漲，這時投資者就很難把握買入的焦點。

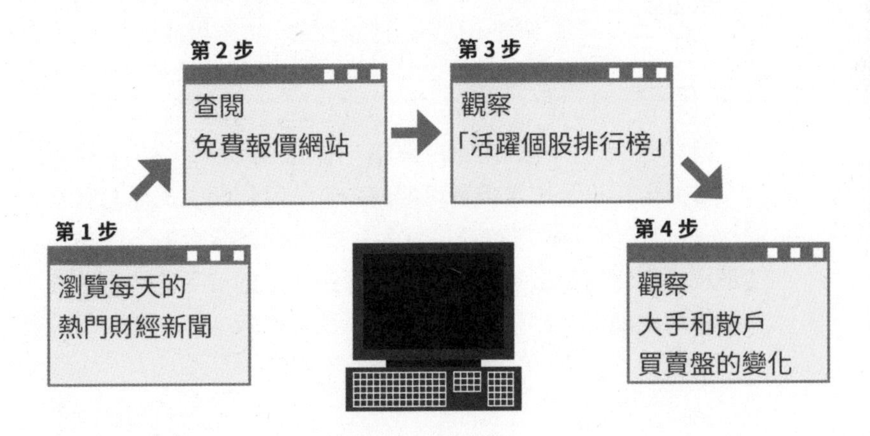

要尋找熱點板塊在哪兒，可嘗試從以下途徑入手：

尋找熱點板塊 4 步曲	
第 1 步	瀏覽每天的熱門財經新聞，了解哪些行業出現最新變化（如發明了新產品、新概念），因為這都可能成為熱點爆發的催化劑。
第 2 步	查閱免費報價網站（如 etnet、aastock 等）的「領漲行業」或「熱炒概念股」的欄目，從中得知當日被熱炒的是甚麼板塊，例如今日股市是內險股領漲，就會看到相關行業的股價都普遍上升。
第 3 步	在以上網站的「活躍個股排行榜」，觀察位列十大升幅的股票，尋找潛在熱點板塊的龍頭股。由於熱點股多數是持續放量地上升，如發現該股是急拉，則可能只是短期強勢，而不是熱點。
第 4 步	從活躍個股的「資金流向」，觀察大手和散戶買賣盤的變化，如發現大手買盤是大比例地激量增加，而且已持續數天，這很可能是主力資金湧入該板塊的跡象。（詳見【簡易工具篇】）

但要注意，一般個股的升幅，從啟動價計，如果累升 10~15% 便可以賣出；但有可能成為熱點的個股，則需其升幅達 20% 時，才可真正確認是買入良機。所以要從主流熱點快速獲利，關鍵還是要冷靜觀察，不可過急之餘，更要及早發現熱點板塊的龍頭，然後在確認熱點後借勢追入。

當然，即使做足以上步驟，亦不能保證今日的熱點來到明天都是熱點，所以想追漲的話，仍需要配合留意帶動相關板塊的新聞，分析市場反應是否已反映相關消息？甚至乎市場只是翻炒過去已報道過的舊聞？這些都需要投資者從昔日新聞中翻查出來。

告訴你一個小貼士，隨著「滬深港通」的資金流入額度提高，更多內地熱錢能夠流入港股，這意味「北水」流入或流出哪隻股份最多，將對股價的升跌有更主導性的影響，因此每天留意「滬深港通」的活躍股份，都是相當重要。

港股通成交活躍股 (透過特別參與者)　過往數據 2018-04-11

股票代碼	股票名稱	買入金額(HKD)	賣出金額(HKD)	買入及賣出成交額(HKD)	買入金額佔該港股總成交額比例(%)	賣出金額佔該港股總成交額比例(%)	資金流金額(HKD)	資金流圖表	法巴窩輪選擇
00700	騰訊控股	576.84M	544.77M	1.12B	5.73%	5.41%	▲+32.07M		29798 (購)
00939	建設銀行	356.10M	406.23M	762.33M	11.92%	13.60%	▼-50.13M		21673 (購)
01918	融創中國	223.06M	253.11M	476.17M	25.35%	28.77%	▼-30.06M		24306 (購)
01299	友邦保險	401.89M	28.16M	430.04M	10.43%	0.73%	▲+373.73M		15683 (購)
03333	中國恒大	45.57M	277.53M	323.10M	4.55%	27.70%	▼-231.96M		24481 (購)
02007	碧桂園	261.94M	23.98M	285.91M	24.10%	2.21%	▲+237.96M		22388 (購)
03988	中國銀行	180.50M	103.60M	284.09M	10.44%	5.99%	▲+76.90M		23284 (購)
02018	瑞聲科技	80.76M	180.60M	261.36M	10.31%	23.07%	▼-99.84M		24941 (購)
00763	中興通訊	111.93M	126.35M	238.28M	34.54%	39.00%	▼-14.43M		19233 (購)

港股通成交活躍股一覽（https://goo.gl/wwS6Zo）

如何
正確理解「大行報告」？

常言道：「投資功課要自己做」，但又有多少學生真的有時間去研究整份財報？和「有公開試，就有雞精書」的情況類似，股票投資上的雞精書就是「大行報告」，它會對個別股票進行多元分析，為其前景作預測，然後給出評級（如「買入」、「持有」和「沽出」）。跟雞精書一樣，「貼題」般的預測不保證必中，建議投資者只作參考，切勿盲目跟隨。

大行報告是由投資銀行的「研究部」專業人士撰寫，主要從 4 方面入手：

大行報告的 4 種內容	
宏觀經濟	分析跟公司業務相關的主要地區，預測當地經濟增長情況。
資本市場	了解股市的資金流入情況，判斷大市的整體行情。
行業展望	不同板塊會有不同周期，甚至會被國家政策影響前景。
盈利能力	以個別公司的盈利能力作評估，預測其未來財務狀況。

大行報告的分析如此全面，部分更是免費向公眾發布，為何會有「咁大隻蛤乸隨街跳」呢？其實大行報告的作用，還包括投行自己賺錢。例如，投行中的私人銀行部門，客戶經理會利用這些報告，去說服一眾富貴進行大額交易；又或透過報告

的粉飾，幫一間公司集資（如上市、配股等），這些行動的目的，都是為了賺取佣金。

大行報告有何缺點？

大行報告其實具有一定的滯後性。由於搜集資料本身已需要花時間，再加上要作出專業評估，很多時報告出街落入散戶手中時，相關消息可能早已在該行內部傳閱，相關人士甚至可提早作出投資部署，拉高股價，後來者能否「分一杯羹」都值得商榷。甚至乎，若大家有留意的話，某些大行報告一出，明明是給予「買入」評級，但股價卻出現應聲下挫的情況，其實也屢見不鮮。

另一方面，報告的客觀程度亦需要深思。很多研究員在跟蹤某行業多年後，因為已跟不少企業管理層很熟悉，所以容易形成報告的主觀性。即使沒有交易黑幕，也會在報告中列出很多看好的理由。因此，當閱讀「增持」或評級看好的企業時，不妨亦比較其他大行對該企業的評估，作出更全面的解讀。

大行有很多間，包括：高盛、大摩、摩通、花旗、瑞信、麥格理……為節省投資者的查閱時間，不少財經網站（如aastocks）都整理好這些報告的內容重點，除非你想個別地深入查閱，否則那兒的資訊都足夠你慢慢「溫習」。

港股欠缺方向 賭股捱沽

大行看好本港零售前景

A股將入摩港股反彈 食品股飄

《大行報告》德銀降保利協鑫能源(03800.HK)評級至「持
有」 目標價下調至0.84元
)18/06/04 11:04

德銀發表研究報告，指將內地今年的太陽能需求預測由去年的53吉
瓦，下調至32吉瓦，並分別下調保利協鑫能源(03800.HK)2018及
019財年的盈利預測54%及44%，將其目標價由1.7元下調至0.84

《大行報告》里昂升新秀麗(01910.HK)評級至「買入」 上望
6.6元
)18/06/04 11:03

里昂近日發表報告指，新秀麗(01910.HK)就沽空機構指控發出澄清
公告，同時宣布若干高層人事任命，顯示公司董事會維持高度公正
性，相信公司受近日事件影有限。該行上調新秀麗投資評級，由原來

《大行報告》花旗升利福(01212.HK)目標價至20元 維持「買
入」評級
)18/06/04 10:44

大行報告重點

（連結：http://www.aastocks.com/tc/stocks/news/aafn/research-report）

怎樣從「中期報告」發現危與機？

雖說價值投資的核心精神是長期持有，但跟做人一樣，有時候是需要變通的。萬一所投資的公司出現質變，就要懂得果斷離場。舉個例，作為國內通訊設備龍頭的中興通訊（0763），其背景甚受惠於 5G 建設的國策推動，之不過，在 2018 年中興突被美國制裁令業務停產，一度停牌 57 天；及後雖簽下和解要約，但就從此被美方掣肘未來 10 年業務發展，包括給出 10 億美元巨額賠償及重組管理層架構等，反映未來數年的盈利及決策能力將受嚴重打擊。中興復牌當日，股價單日跌足 40%。

當然，「中興事件」屬於特殊情況，其他常見質變（例如財務狀況轉好或轉壞），其實可透過「中期報告」了解，包括細閱報告中有關公司的盈虧情況、未來發展計劃、未來新的利潤增長點、管理層觀點的部分，從而分析它是危中有機，還是機中有危，讓我們能夠及時調整投資組合。

1. 盈虧數字

魔鬼往往存在於盈虧數字的細節之中，企業的利潤不一定能真實反映經營的全貌。例如，賬面上反映是賺錢，但利潤主要是來自「非經營收入」（或母子公司之間的內部關聯交易，即所謂「左手交右手」）的話，這種「收入」肯定是靠不住，尤其當這現象成為常態時，企業未來的發展動力多數會有問題。

相反地，如果賬面出現虧損，但這只是一次性或意外事件所造成，那麼在下半年或未來一年，公司都可能會出現由虧轉盈的現象。

除了看業績增長來源是主營收入的增加，還是偶然性收入等靜態數據外，我們還要動態地作出分析，包括：和以往最少5年的年報、中報和季報進行橫向比較，以及跟同業表現作出縱向對比，這樣才可更全面剖析盈虧數字變化的真實內涵。

2. 未來規劃

投資，買的就是未來。在中期報告裡，企業一般都會表明下一步的規劃。例如當上半年錄得虧損，企業將會作出甚麼扭虧的措施，幫助業績反彈；而盈利猛增的企業，下一步又會如何更好地發展，會否「有頭威，無尾陣」，這些都是潛在題材的催化劑。

當下的虧損，或令股價下跌；當下的盈利，或令股價上升，但投資市場永遠是動態，我們應該要主動出擊、加以檢視，發掘當中埋藏的究竟是金礦還是陷阱，早人一步作出適當的部署。

3. 大比例送紅股

在中期報告裡，有些企業會公布不派現金股息，而以「送紅股」代之。企業不想派現金的原因，可能是想保留現金作業務發展，亦可能是因為手上現金不足，於是要利用此財技粉飾賬面，以「送禮」滿足散戶。

例如 1 送 9 的大比例送紅股，其實效果是等同 1 拆 10。由於送紅股會增加股本量，繼而降低股價，所以拆細後就會由「蚊股」變「毫股」，這亦增加了市場「炒上」的衝動。站在投資者角度，這種手法是危機並全，一方面該股可能會成為熱炒對象，但另一方面，或許是誘騙散戶的數字遊戲，所以決定是否買入，還是先從基本面分析其現金流狀態，了解其送紅利的主因吧。

4. 戴維斯雙殺效應

最後要提一提，因為股價是由「企業實質盈利」及「市場投資者對盈利的預期」所組成，萬一中期報告出現盈利大跌，超出投資者原先預期盈喜的情況，結果就會對股價造成雙重打擊，導致股價在短時間內急挫，學術上會稱之為「戴維斯雙殺效應」（Davis double-killing effect）。

P↓= EPS↓ × PE↓

舉個例，2018 年 5 月丘鈦科技 (1478) 發盈警，指出由於材用了進取價格競爭策略，造成綜合毛利率下跌，預料中期純利按年下跌 50% 以上，大遜市場預期；結果消息一出，股價在短短 3 日內即由 $10.3 急挫至 $6.6，跌幅高達 35%，由此可見「戴維斯雙殺」的威力。

從「太陽星座」鎖定潛力板塊？

股市如戰場，出奇制勝也是一種策略。本章最後會介紹一種源於金融占星學，即利用宇宙天體的運行周期，去判斷金融市場各項標的物價格走勢的方法。威廉・江恩（William Delbert Gann）應該是最為投資者熟悉的代表人物，不過「江恩理論」的應用絕不容易，更非三言兩語可以簡單說明，而務求令初學者（又或者對占星有興趣的讀者）可以極速用上金融占星學的工具，以下會表列和「每月星座運程」類似概念的「太陽星座選股法」：

星座（日期範圍）		對應行業
水瓶座（21/1-19/2）	♒	科技、電力、航空
雙魚座（20/2-20/3）	♓	醫藥、治療、水、海、氣體，石油 / 天然氣及相關設備、醫藥、船務、化工、美妝、水務、漁業、電影、化妝品
白羊座（21/3-20/4）	♈	運動、汽車、機械、軍事防衛、工業、實業、舊經濟行業、傳統企業、銀行、地產、建築、製造業、內房、資源（如石油、煤炭）、基建
金牛座（21/4-21/5）	♉	美容、彩妝、飲食、衣飾、銀行、金融相關的行業、農作物及家畜類商品

星座（日期範圍）		對應行業
雙子座 (22/5-21/6)	♊	電訊、科技、科網、券商、交通（如鐵路、航空）、零售
巨蟹座 (22/6-23/7)	♋	水務、航運、漁業、醫護、食品、飲食、地產（特別是住宅相關）及家居用品等企業
獅子座 (24/7-23/8)	♌	博彩業、運動用品、傳媒、出版業
處女座 (24/8-23/9)	♍	日常生活用品、必需品、醫藥股
天秤座 (24/9-23/10)	♎	美容化妝、個人護理、服飾、社交
天蠍座 (24/10-22/11)	♏	財務、保險、銀行、證券、地下資源、煤炭
射手座 (23/11-22/12)	♐	博彩業、運動用品、旅遊、傳媒、出版業
摩羯座 (23/12-22/1)	♑	傳統行業、「老字號」、銀行、地產、房託、水電煤等公用類行業

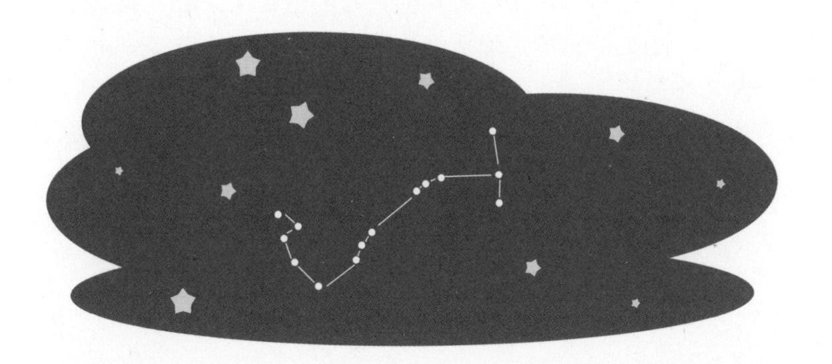

用法非常簡單，選股時只要在當時的時間範圍內，揀選對應的行業板塊即可，這招在筆者的選股策略命中率甚高，所以在此略為著墨。至於要在該板塊買入哪些企業的股份，就需從基本面及技術面的方法作進一步挑選。

「太陽星座選股法」的主要目的是縮窄一開始的選股範圍，並從眾多板塊中選出該時期最有潛力上升的板塊。因為從財經占星的角度看，當相關的星象出現，市場的焦點就會對相應板塊產生感應，刺激的消息亦會浮現，而太陽作為我們身處的太陽系最重要的天體，對金融市場的影響力自然都是最大，且往往會為該板塊帶來正面刺激。

至於星座所對應的行業是如何選定，其實跟命理上「一個人於某時空點誕生，而當時太陽是身處哪個星座，於是這個人就具備該星座某些特質」的理論相似。例如水象的雙魚座（守護星：海王星）對應夢幻、超現實和藝術，所以代表電影、化妝品行業；火象的白羊座（守護星：火星），具有競爭、攻擊、走動的特性，所以就和運動、汽車、機械、軍事防衛等有關；風象的雙子座（守護星：水星）則喜愛溝通、交流、蒐集資訊及傳播，所以就跟券商和互聯網行業有感應。

若想要更深入及準確的分析，其實除太陽的位置重要外，更要留意木星、金星、土星等其他天體的位置，以及天體之間有沒有正負相位的影響，但這涉及的內容就非常複雜了，將來有機會才在另書講解。除非你對命理占星已有一定認識，否則現階段還是先初步摸索「太陽星座選股法」，相信已經頗為夠用呢！

傳奇心法篇

培利爾（Humphrey Neill）：別被慣性主導思維

“當所有人的想法一致時，他們都應該錯了，所以別被慣性主導思維。”

近年黑天鵝事件頻現，衝擊主流大眾預期，造成市場動盪。其實早於 1954 年，「相反理論之父」培利爾（Humphrey Neill），就歸納出類似的歷史教訓，包括 17 世紀的荷蘭「鬱金香泡沫」、18 世紀的法國「開發密西西比泡沫」、1929 年的紐約股災等……結論出一個世界性的社會現象：「當所有人的想法一致時，他們都應該錯了，所以別被慣性主導思維。」

培利爾提出的「相反理論」，是逆向思考的藝術，一方面訓練你的頭腦習慣深思熟慮，選擇與普通大眾相反的意見；另一方面，還需要根據當前事件的具體情況、人類行為模式的表現，來推敲自己的結論。要將理論運用在金融市場，他提出「外推法」的思考框架：

步驟	內容
1	確定外推的結果（例如股市現時趨勢向上，則結論它將繼續上升）。
2	考慮我們所想到的、關於市場將與現在一樣的趨勢發展的觀點所相衝突的情況和條件（例如股市現時趨勢向上，則考慮向下的可能性，反之亦然）。
3	考慮可以引起比當前趨勢更強烈的趨勢的各種動機和形勢。

「相反理論」亦證明只有極少數人有贏利的天賦，就像港商李嘉誠，他的第一桶金是在 1967 年香港暴動時所賺的。當時房地產價格大跌，他卻選擇賣掉塑膠花廠，將資金全部投入房地產，從而踏上巨富之路。而許多世界知名的投資大師如羅傑斯、索羅斯、麥嘉華等，都是相反理論的信徒，他們皆只憑己意來釐定投資策略，而非跟隨大勢。你認為自己都是極少數中的一人嗎？

歐文．卡恩（Irving Kahn）：

以正確理由，做正確的事

“只要有足夠耐性，而且避免「進入自己不熟悉的領域」……”

眾所周知，巴菲特師繼承「價值投資之父」格雷厄姆（Benjamin Graham），但原來他還有一個同門師兄，叫歐文．卡恩（Irving Kahn）。享年 109 歲的卡恩，縱橫華爾街 86 年，是史上最年長的投資大師；對於投資成功及長壽的秘訣，他認為是要冷靜思考，長期抱有好奇心，並有耐心地專注於自己的選擇，以正確理由做正確的事。

卡恩的投資手法，是嚴格實踐格雷厄姆提出的「淨流動資產價值」（Net-Nets）概念。「淨流動資產價值」是根據盈利和紅利計算出來的價值，當市場價格比淨流動資產價值要小，這種股票就值得投資，這數據可從資產負債表找出來。縱使隨著時代變遷，符合條件的股票已買少見少，但他認為只要有足夠耐性，而且避免「進入自己不熟悉的領域」，散戶仍有很大機會可擊敗專業投資者，尤其是專注於投資小市值的股票。

卡恩從格雷厄姆身上學到最重要的東西，是如何抵禦賺快錢的誘惑。作為一名保守的投資者，卡恩每一筆投資的年限至少是 3 年，有的甚至長達 15 年，直到股票的價值回歸；而且他從不借錢投資，因為「如果手頭現金充足，即使某次投資犯錯，也毋須太擔心」。

「嚴於律己」是卡恩成功的另一關鍵因素。即使年過一百，他每星期依然上班五天，每天都會閱讀至少兩份報紙、許多雜誌和書籍，尤其是科學類的。他有個長期不變的目標，就是「對一隻股票的瞭解，要比賣給你股票的那個人多」。

沃爾特・施洛斯（Walter Schloss）：

宅男都可做優秀投資者

“只用簡單樸素的方法作投資判斷……關注價格大跌的股票，仔細檢查創出新低的股票名單。”

「價值投資之父」格雷厄姆（Benjamin Graham）桃李滿門，除人所共知的股神巴菲特（Warren Buffett）外，「宅男」沃爾特・施洛斯（Walter Schloss）同樣是將價值投資發揚光大的經典人物！

為何稱他為「宅男」？因為他不像巴菲特會常向不同企業管理層「套料」交流，而是默默地在公司進行財報分析，沒有任何特別的信息渠道，不搞趨勢分析，也不考慮宏觀經濟，只用簡單樸素的方法作投資判斷。

施洛斯極少與外界接觸，是為保持投資的獨立性；他的資產管理公司內，沒有分析師、交易員和秘書，只有他和兒子在工作，每天工作時間從上午 9 時半至下午 4 時半，只比紐約交易所收市多做半小時，算是相當寫意。50 年投資生涯中，這種宅男式投資手法，為他帶來高達 16% 的年回報率，累計回報率高達 1,240 倍！相比同期的標普 500 指數，平均回報只有 10%，難怪巴菲特稱他為「超級投資者」。

選股策略方面，施洛斯會挑選股價低於淨資產 7 成、不少於 3% 股息回報率，以及沒有或者很少債務的股票；管理層最好有足夠的持股量，好讓他們能以股東同一陣線。另外，價格大跌的股票都會引起他的關注，並會仔細檢查創出新低的股票名單。如果發現某股的價格處於兩三年的低位，他就會非常看好；而下跌時出現多個缺口或股價直線下跌的股票，對施洛斯尤其具有吸引力。

羅伊・紐伯格（Roy Neuberger）：
別在「羊市」迷失自己

“盲目跟從陌生人的觀點，這種「羊群心態」在股市中尤其常見……這不但極之危險，更可能會錯過機會。”

「美國共同基金之父」羅伊・紐伯格（Roy Neuberger），素有「世紀長壽炒股贏家」之稱，他最為人樂道的事跡，莫過於成功逃過 1929 年的美國大蕭條及 1987 年的美股大崩潰，並從這兩次股災中賺取驕人收益，由 15 萬美元發展至 16 億美元！在長達 68 年的職業投資中，他更沒有一年蝕過錢……為甚麼他可以如此厲害？筆者從其著作 *The Passionate Collector*，精選 3 項投資建議給大家參考：

了解自己

在分析一間公司之前，要先研究自己，測試一下你的脾性、是否有投機之心、對風險會否感到不安等，惟有百分百誠實回答自己，自身的力量才可帶領你走向成功。

別在「羊市」中迷失

盲目跟從陌生人的觀點，這種「羊群心態」在股市中尤其常見，紐伯格戲稱之為「羊市」。一旦某些資深的股評人發表積極或消極的觀點，投資者容易不假思索地按他們的思維去做，這不但極之危險，更可能會錯過機會。

堅持長線思維

只注重短線機遇，會容易忽略長線投資的重要。要成功獲利，必須建立在長線投資、有效資金管理、抓住機遇的基礎上，切勿把短線投資放在主導位置。

紐伯格的一生雖然離不開投資業務，但他對金錢其實從沒產生過興趣。喜愛藝術的他，往往會將投資獲利的資金，用作購買、展示和捐贈偉大的藝術品，以予文化界的支持。他從來沒賣過一件藝術品，因為他不會視之為投資交易的對象。能夠在事業（投資）與人生夢想（藝術收藏）之間作出平衡，紐伯格絕對值得一眾投資者學習。

費雪（Philip Fisher）：

公司派息多，成長未必好

“除了股息不應被過分重視外，還有「三不」選股原則……”

對不少投資者來說，派發股息愈多的公司，投資價值就愈大，有些人甚至會以股息的高低作為買股的依據，正如很多人買入滙控（0005）作收息一樣。但對「成長股價值投資策略之父」菲利普・費雪（Philip Fisher）來說，股息對投資一隻成長股來說，不應被過分重視。

他認為，獲利能力高但派息低（甚至不派息）的公司，是最有可能成為最理想的成長型公司，因為它們會將大部分盈利投放在新業務的擴張上；反而分紅比例於盈利佔比很高的，多數是因為業務擴展有難度，所以才將大部分盈利分紅（這裡指的現金分紅，如果是紅股形式的分紅，則應作鼓勵）。

除以上觀點外，費雪還有「三不」選股原則：

▶ 不買處於創業階段的公司。

▶ 不要因為喜歡某公司年報的「格調」，就去買該公司的股票。

▶ 不要以為公司的 PE 高，便表示未來的盈餘成長已大致反映在價格上。

當然，不同投資者的目標不同，不應一概而論。對喜歡短線操作的炒家來說，無論這是否一隻成長股，又或派息是否吸引，都不是重點考慮的因素；對他們來說，可能只需要近來出現題材炒作，無論公司的業績是否亮麗，已經有足夠理由讓他們買進了。

約翰・聶夫（John Neff）：

用 GYP 買平股票

"

GYP

$$\frac{收益複合增長率 + 股息率}{市盈率}$$

"

共同基金操盤手約翰・聶夫（John Neff），投資 30 餘年，累積回報 55 倍，是善為人知的投資大師！堅守價值投資的聶夫，自稱「低市盈率投資者」，他會刻意買進不受歡迎但能夠適度成長、股息率高的好公司，到股價升到公平價值時才賣出。

聶夫發現，高市盈率的股票被寄予過多期望，股價常因一點令人失望的表象而下跌。至於低市盈率的股票，人們對它的價格寄予較小期望，即使業績不如預期，股價受打擊的機會亦很少；但若業績出現好轉，反而會引起市場濃厚的關注，增加股價爆升的機會！當然，經營不良的公司市盈率亦低，因此聶夫會再觀察其盈利增長率，如果每年的盈利增長率逾 7%，即意味價值被嚴重低估！

他亦自創了「GYP 比率」，以「每股收益複合增長率」加上「股息率」之和所代表的總報酬率為基準，去達成「用該付的價格，去買該買的東西」的終極目標。

GYP 比率 =（G+Y）/ P

G 是每股收益複合增長率，Y 是股息率，P 是市盈率。GYP 比率不少於兩倍的股票，就是值得投資。以下用例子說明：

假設你預測的投資組合每股收益複合增長率為 8%，平均股息率 4%，平均市盈率為 10 倍，套入公式，（8+4）÷10 = 1.2 ，1.2 就是你投資組合的 GYP 比率。然後，假設你預測的大市平均每股收益複合增長率為 15%，平均股息率 2%，平均市盈率 28 倍，套入公式，（15+2）÷28 = 0.6，0.6 就是大市的 GYP 比率。比較兩個比率，即可推斷出這投資組合的吸引力是大市的兩倍。

雖然聶夫與巴菲特同是價值投資者，他卻不像巴菲特會把股票抱到永恆。聶夫買股票是為了獲利，所以股價升到一定水平，他就會賣出鎖定利潤。至於為何這麼多人都喜歡長抱股票？聶夫認為：「股票帶給他們溫暖的錯覺，尤其是反向思考立場已經得到證實時，如果他把股票賣了，就無法再向他人吹噓了！」

艾克哈特（William Eckhardt）：
當你感覺良好，多數都會出錯

“人在市場，貪圖安逸即是看自己心情、隨個人喜好去做決定，而這總會帶來不幸的結果。”

如果要你隨口說幾個股票號碼，然後買進，你認為回報會有多少？「交易大師」艾克哈特（William Eckhardt）有一名句：「一隻蒙著眼的猴子，對著報紙財經版擲鏢，亂抽出來的投資組合，表現比專家千挑萬選的組合更加好。」他相信人類追求安逸的天性，會令他們做出比「隨機交易」還要差的決定。

艾克哈特認為，猴子的表現會較好，是因為人類經過進化，比猴子更會追求安穩逸樂，但市場一般是不會獎賞不勞而獲的；人在市場，貪圖安逸即是看自己心情、隨個人喜好去做決定，而這總會帶來不幸的結果。那麼在市場做了甚麼，會自我感覺良好呢？艾克哈特列出 3 個例子：

例子	原因
1. 比別人更低位買入	「低買高賣」完全符合人性執平貨、再善價而沽的渴望，若你趁一隻股跌至6個月低位時買入，你會感覺很好，因為你較過去6個月也有買這隻股的人精明。雖然買入那一刻感覺良好，但對大多數人來說，如此逆勢而為，將是一個帶來損失，甚至乎招致災難性結果的策略。
2. 急於鎖定利潤	受過教訓的投資者，往往會急於先行獲利。初時你可能會因賺取小利而感覺良好，但久而久之便會有負面影響，因為這等於放棄了賺大錢的機會。
3. 死坐	市場慣於在同一個價位反覆上落，令人以為只要「持」（貨）之以恆，即使是差的交易，等下去的話終有一天會「返家鄉」……

以上的例子，都是令人感覺良好的行動，並以為可避過損失——但其實很多時都是錯的。自我滿足的需要，會使人做出比「誤打誤撞」更差的決定，這也解釋了為何擲鏢的猴子會表現較好。

科斯托蘭尼（Andre Kostolany）：
好淡循環，猶如雞蛋

" 每次市場的大升大跌，都由
（1）「修正」、
（2）「調整」和
（3）「過熱」三階段組成。 "

技術分析在香港和國內都甚受歡迎，上升通道、頭肩頂等術語，相信都不會陌生；但這些形態，主要是基於股價走勢而確立，未必能全面反映市場買賣勢力的實況（這亦是技術分析時而失效的原因）。其實早於 20 世紀初，「德國股神」科斯托蘭尼（Andre Kostolany）就提出了「雞蛋理論」，從成交量的人氣變化，去預測股價的走勢。

該理論指，在證券市場中，升跌是分不開的夥伴，如果分不清下跌的終點，就看不出上升的起點；同樣地，如果分不清上升的終點，也就不能預測到下跌的起點。每次市場的大升大跌，都由（1）「修正」、（2）「調整」和（3）「過熱」三階段組成，以下配圖解說：

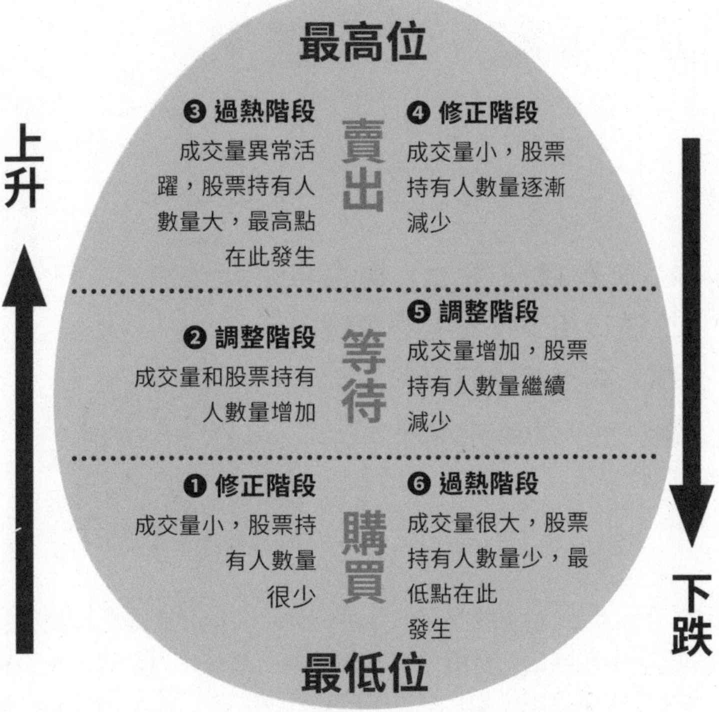

最高位

上升

❸ 過熱階段
成交量異常活躍，股票持有人數量大，最高點在此發生

賣出

❹ 修正階段
成交量小，股票持有人數量逐漸減少

❷ 調整階段
成交量和股票持有人數量增加

等待

❺ 調整階段
成交量增加，股票持有人數量繼續減少

❶ 修正階段
成交量小，股票持有人數量很少

購買

❻ 過熱階段
成交量很大，股票持有人數量少，最低點在此發生

下跌

最低位

投資策略：成功的關鍵就是在兩個過熱階段逆向操作，在下跌的過熱階段❻買進，即使價格繼續下挫，也不必害怕，在上漲的修正階段❶繼續買進；在上漲的調整階段❷，只宜觀察，被動地隨行情波動。到了上漲的過熱❸和修正階段❹，投資者普遍亢奮，這時就要離場。

關於大勢與個股的關係，科斯托蘭尼認為：「中短期走勢與心理因素有關，會跟隨大勢；但對長期走勢而言，心理因素不再重要，而在乎於股票本身的基本因素和盈利能力。」

西格爾（Jeremy Siegel）：
認沽期權，攻守兼備

“在投資策略上，期權比期貨給予投資者更多選擇，期權策略可以非常大膽，也可以非常保守。”

「股壇教父」西格爾教授（Jeremy Siegel）認為，相對期貨和 ETF，期權是一種更為基本的金融工具。投資者可以利用期權來複製任何期貨和 ETF，但反過來卻不行。在投資策略上，期權比期貨給予投資者更多選擇，期權策略可以非常大膽，也可以非常保守。

假設你預期股價將會下跌，為了減少損失，你可以買入認沽期權，當股價下跌，期權的價值便會增加。當然，你必須支付期權金。如果股價沒有下降，投資者會損失期權金；但如果股價真的下降，期權盈利就可以在一定程度上，甚至全數抵銷在股票組合上的損失。

認沽期權的另一優勢，在於你想得到甚麼程度的保障，就可以購買甚麼層次的期權。如果想避免市場全面崩潰帶來的損失，你可以購買「價外」（Out-of-the-money）的認沽期權，即行使價遠低於指數目前水平；價外認沽期權只有在股價大幅下滑時才會執行。此外，你也可以購買「在價」（In-the-money）認沽期權，即行使價高於市場目前價格，那麼即使市場沒有下跌，期權同樣具有一定的價值。當然，價內認沽期權的期權金會較高。

你或許聽過很多購買認沽及認購期權而獲得巨額利潤的經典案例，但事實上，只有少數期權能大賺，大多數在到期時都是一文不值。一些市場研究員估計，投資於期權的散戶中有85% 是「損手」的。所以期權買方不僅要準確判斷市場變化的方向，還要非常精確地把握買賣時機，同時對行使價的選擇也必須要準確。

街頭智慧篇

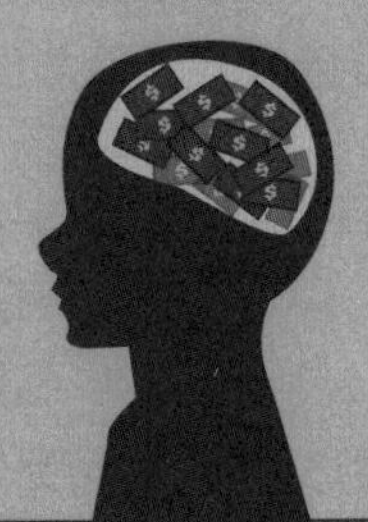

市場恆變，要時刻「Rebalancing」？

「分散投資」大家都聽過，但「重新調整」（Rebalancing）的概念是否比較陌生？由於市場價格會隨時間變動，所以你亦需要動態地將股票或債券的投資組合重新分配比例，以確保組合仍然有效分散風險。《漫步華爾街》作者 Burton Malkiel 認為，透過定期審視組合中不同投資的分配，並將之調整回你想要的比重，從以減低投資組合的波動及風險，亦常可提高回報。

假設你認為最適合自己年齡及舒適度的投資組合比例，為 60% 股票及 40% 債券。債市和股市的走勢，往往會改變你的分配。小幅度的改變（+/- 10%）或許不應理會，但如果股市短時間內翻了一倍而債券價格卻維持不變呢？你會發現組合內的四分三比重，現時正投資股票，只有四分一是債券；這會改變投資組合的整體市場風險，遠離你認為最理想的平衡。若果之後股市大跌而債券上升，正如發生 08 年金融海嘯的情況呢？你又該如何是好？

最佳的做法，當然是修正投資組合的分配，亦即是 Rebalancing，別讓資產比例太遠離你心目中的最佳分配。假設投資組合的股票比例過高，你就可以將所有新資金及股息全數放於債券。（若比例嚴重失衡，你可將部分股票的錢轉移至債券。）若組合中的債券比例升至超過你希望的水平，你亦可以將錢移至股票。

因此，當一種資產價格下跌時，正確反應是不要恐慌及離場；反之，你需要持守長期紀律及個人毅力去買入更多。謹記：作為一個真正的長遠投資者，股價愈低，買入的價格就更便宜。股市大跌，或令 Rebalancing 看來「使你蝕更多錢」，令人沮喪，但長遠來說，能夠以紀律方法重新調整組合的投資者，將會獲得更多回報。當市場十分波動，Rebalancing 實際上可提升回報率，同時可減低投資組合的波動，降低風險。

利用「核心衛星」策略，分散投資風險

另外，分散投資向來是減低風險的方法，大部分人都覺得，把本金投資於不同行業的股票，就可做到減低風險的效果；但《平民富翁》作者 Charles Carlson 就提出，純粹為同一類型資產（例如股票）作分散投資有時都是不足夠，所以可考慮從以下 3 方面著手：

不同資產類別

要將資金分配在股票、債券及其他類型資產，目標在於持有彼此相關性不強的資產類別。雖然不同資產間的相關性正在

加強（特別是證券），但顯著的回報差異，足以為你對不同資產進行分散投資提供足夠的理據。例如，當美國的大型股份在2008 年跌了 37% 的時候，長期國債就上升了 9%。

核心衛星策略

由相關性不強的產品所製成的投資組合，可稱為「核心衛星」投資策略。例如，如果你相信被動投資的話，就可以將大部分資金投資在覆蓋不同類型資產的指數基金中，並以此作為投資組合的「核心」；核心之外，你都可加入其他投資策略，使其成為組合中的「衛星」，衛星部分可集中於主動型的互惠基金或商品。

不同時期入市

除組合配置外，定期投資都可分散風險，包括月供股票或利用股息再投資。定期地將資金投入市場，可避免在市場處於高位時投入所有資金。

以上只是分散投資的大方向時，如何為投資組合中的股票和債券訂立適當的比例、每項投資的適當金額、最適合進行某類型投資的投資賬戶（退休賬戶或非退休賬戶）及調整投資組合的時間，都需要深入研究部署。

入市怕摸頂，要知「蟹貨區」在哪兒？

不時都會聽到人說「成手蟹貨」，所謂「蟹貨」，是指手持的股票一直低於買入價，如果賣出就會蝕錢，情況就像大閘蟹般被綁住；而「蟹貨區」則代表有大量投資者買入的高價區間。如果投資者打算高追入市，卻不知現價是處於「蟹貨區」，就很大機會摸頂收場！

理論上，「蟹貨區」的股份愈多，該價位的沽壓就愈大。因為持貨者已待良久，當望見家鄉時，就會急於出貨，結果「蟹貨區」的上升阻力就會極大！要知道甚麼價位是屬於「蟹貨區」有兩種方法：

技術形態

在股價圖出現的頂位，多數是「蟹貨區」；如果是歷史高位，這可能是「千年蟹貨」，沽壓最大！（想了解頂部形態的基本知識，可閱讀前作《股票投資 All-in-1》的【買賣時機篇】）

成交量分布

留意過去 1~3 年哪些價位成交量最高，高價高量的位置，通常是「蟹貨重災區」。（想了解關於成交量與價格關係的基本知識，可閱讀前作《從股壇初哥，到投資高手！》的【價量研究篇】）

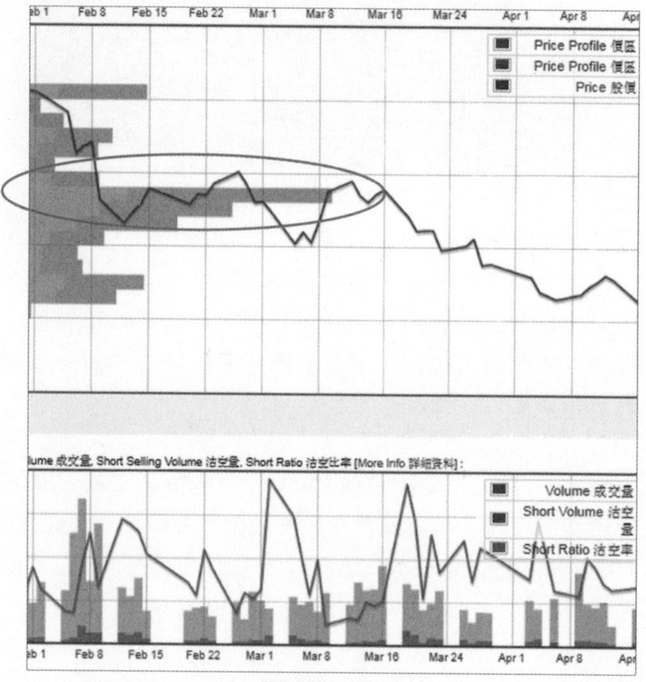

「蟹貨區」分布圖

以下網址就提供了個股在某段時間內，不同價位區間的成交量分布：https://bit.ly/3a49Bz4，長方棒愈長，代表該價成交量愈高，配合股價圖的形態分析，投資者就可知道哪些價位是「蟹貨區」了。

換另一角度看，低位高成交量的價位，如果又是股價的歷史低位，多數是重要的支持位。由於大量持貨者不希望股價會跌穿，因為股價很可能會在此處見底，這時可小注入市，測試反彈力度。

「ADL」可用來預測大市動向？

絕大部分技術指標（如 MACD、RSI 和 OBV）都是用來分析個股；但股價走勢跟大市方向，有著密不可分的關係。如果大市向好，往往會帶動個股升勢更強，反之亦然。事實上，有種針對大市的指標——「騰落指標」（Advance-Decline Line, ADL），就是從股票升跌數量的差異，來判斷大市的未來動向。

ADL = 每日股票上漲數目 - 每日股票下跌數目 + 前日 ADL

要注意的是，ADL 本身僅反映股票群體的走勢，不能單獨使用，而必須跟大市指數作比較。以港股為例，當恒指跟 ADL 同步上升，或兩者皆跌時，就可對趨勢的升跌進行確認。相反，如果恒指大動而 ADL 橫行，或兩者反方向波動，都屬於不同步的現象，即說明大市趨勢不明，不可貿然進場。

可惜 ADL 在香港未算普及，暫未有免費網站會直接提供數據；但我們還是可透過以下網站：http://www.hksquote.com/suitcase.php?suitcase=-5，查出每日分別有多少隻股票升和跌，然後按公式自行計算 ADL。如果你懂得使用 excel，更可記錄每日的 ADL 走勢和恒指作比較，將會更清楚 ADL 的長線走勢，幫助你作更長遠的部署。

用「量比」檢查走勢會否「一夜情」？

世上有用的技術指標，僅有 MA、RSI、MACD 和 STC 嗎？非也，原來「量比」亦可用作選股的買賣訊號，而且多數免費報價器都會提供，方便查找之餘，更比 RSI 和 MACD 容易使用！大家投資前，不妨先用「量比」評估，再作買賣決定。

「量比」的原理是衡量即日與過去的相對成交量：

量比 =（現成交總手數 / 現累計開市時間）/ 過去 5 日平均每分鐘成交量

當量比小於 1 時，說明該股當日縮量；如果是大於 1，則代表有放量。所謂「量在價先」，放量的出現標誌著股價方向的轉勢。

現價(港元)	升跌 / 升跌(%)
9.130	+0.200 / +2.240%
均價	9.135
市盈率(倍)/TTM	21.927 / 12.718
收益率/TTM	1.936% / 5.302%
市賬率/資產淨值	8.112 / 1.125
量比/委比	0.456 / 29.842%
市值	121.72億
每手股數	1000
最近派息 更多派息資訊 »	
除淨日	2017-09-07

IGG（0799）基本資料

例如，股價已經過一段時間的大幅下跌，當量比突增且大於 1 時，多數是見底的訊號，這是入市良機；反之，如果股價持續上升已久，當量比突增且大於 1 時，很可能是見頂的先兆，就要快快出貨離場。至於量比的走勢平穩的話，則股價很大可能會維持原有的趨勢，可繼續持股或靜待入市的機會。

按以上準則買入後，如果量比連續 3 個交易日是持平或不斷放大，即可判斷股價的走勢不會是「一夜情」，大可安心繼續持貨！

「開盤價」放量上升可能是陷阱？

思考題：如果一開盤，股價就急速放量大升，而且在短短半小內時，成交量已經超出平常日子一整天的成交量……這時候你會選擇追入嗎？

根據交易心理學，放量追漲往往是最常見的散戶入市現象，但走這一步前，建議先了解上漲背後是否出現甚麼中長期的利好因素支撐著；如果沒有甚麼變數的話，你就要客觀分析應否追入了。

因為若基本面或大市走勢都沒有明顯改變，而開盤後股價能夠短時間內放量上升，其實只有重倉的莊家才做得到；而他有此舉動的原因，很大可能是想先拉高股價，然後再部署出貨。

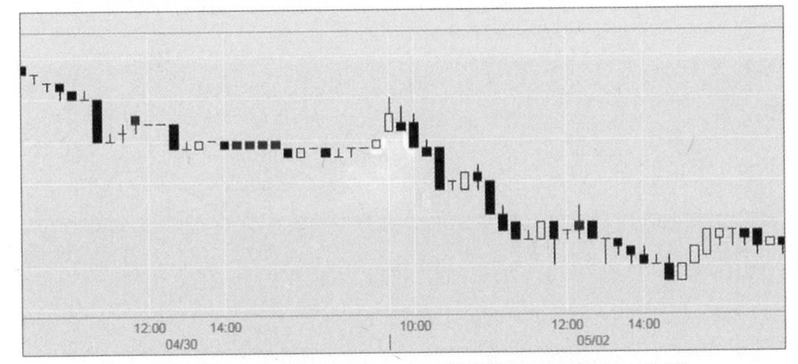

想知道股價在短時間內的變化，可以把股價圖設定為「10分鐘」，即可了解一個單日中的每 10 分鐘走勢變化。

由於莊家很了解散戶有「一見股價放量上升就追入」的慣性思維，於是就會主動發出訊號，吸引市場注意和散戶參與。

當莊家收集夠一定籌碼後，就一定會拉升股價，而股價上升的原因不外乎：市場盤買入、莊家買進後推高，及市場沽盤甚少。因此對莊家來說，減少市場沽盤是最重要，於是就會利用打算沽貨的人的心理。由於股價一放量上漲，原先打算沽貨的人就覺得新一輪升浪會再開始，於是會把心理預期的賣出價提高，結果就會相對減少市場的沽壓；同時，開市初段往往是一天中最清淡的時候，莊家只要利用這時段，就可以最少本錢將股價拉高，又不怕股價很快回落。

當然，出這招無非是想對市場沽盤起一定「阻嚇」作用，但如果該股本身已經很「乾」，即貨源接近歸邊的話，其實又毋須放很大量去拉升股價的。這時候大家可以做多一步，到 CCASS 查找該股的股權分布，當股權太集中的話，莊家就未必需要用到以上方法去出貨了。

長揸未必賺硬，甚麼時候要「止蝕」？

股神巴菲特都說過：「別人貪婪時要恐懼」，無論市場如何歌舞昇平，都千萬別忽略「保本」的重要，懂得止蝕更加是成功的關鍵。雖然「止蝕」是要將賬面虧蝕化為現實；但主動地止蝕可避免損失進一步擴大，並為未來的部署保留足夠的彈藥。以下會建議一些止蝕標準，給大家參考：

4 大常用止蝕準測	
1. 設定買入價以下的 5~10%	虧蝕 5%~10% 是一般大眾可接受的幅度，而對不同價位或不同大市敏感度的個股，也需設置不同的止蝕距離：例如對股價較低或股性較活躍的股，幅度是可適當放寬。
2. 買入時要參考「小底」	在買入的情況，止損價位一般以收盤價為準，且設在前一個局部小底部以下，這可避免被過早震走；同時幅度又不能過大，以確保回補時出現倒差價。
3. 賣出時要參考「小頂」	在賣出的情況，止損價位通常設在前一個局部小頂部以上，且應以收盤價為準，但幅度也不宜過大，以免因短線的小幅反彈而在另一個高位回補。

4. 結合技術分析	運用技術分析止蝕是沒有固定模式，原則是以小虧賭大盈。例如，當你在上升通道的下軌買入後，等待上升趨勢結束再平倉，並將止蝕位設在相對可靠的移動平均線附近（如 5 天、10 天、20 天線）。

最後，別忘記最基本的原則：止蝕價是永遠不能向下移動的！不止蝕除了要承受可能賠更多錢的風險外，也喪失了再運用這筆資金的機會，這是盲目地長期持股的最大代價。

善用「期權」可有效做止蝕？

設止蝕盤是控制投資風險的常見方法，但亦有一個缺點，就是當觸及止蝕位後若走勢逆轉的話，便會在本應能獲利的位置上，無奈地接受虧損；而期權正好是風險管理的另類選擇，以預先設定好的固定成本，避免出現這個令人沮喪的情況。

舉個例，如果你想買股票 A，股價現報 $24，你最多願意承受蝕 $2 的風險，最直接的做法是買入股票，將止蝕盤放在 $22。如果股價跌穿 $22 後，在 $21.8 位置掉頭反彈至 $30 的話，代表你的方向是看對了，但結果就要每股蝕約 $2。

另一個選擇是，你可以買入股票 A 的「$22 行使價認購期權」（假設期權金是 $3）。如果股價跌穿 $22，並在到期日前仍低於 $22 的話，那麼不論股價跌至甚麼水平，損失都只限於 $3 的期權金。相反，若股價跌穿 $22 後，在到期日已反彈至 $30 的話，那麼就等於賺了每股 $5（到期日股價 $30，減行使價 $22，再減 $3 期權金）！

那麼要控制風險，究竟用止蝕盤好還是價內期權好呢？答案視乎個人喜好、期權的流通量，及期權在交易時的價格。這裡想指出的是，在某些情況下，價內期權對某些投資者來說，可能是較為吸引的風險管理工具，也因此應視之為止蝕防守的另類選擇。

世上有「永不輸錢」的套利手法？

投資「坐艇」的情況（買入後價格即跌），不少人都試過，最常見的應對手法有三種：1. 不理會、2. 放盤止蝕、3. 加碼溝淡。而有一招比較聞名，是「加碼溝淡」的進階版，名為「馬丁格爾策略」（Martingale），是一種愈輸愈買，直到贏了一盤後，就可連本帶利奪回的套利手法。

它的原理很簡單，假設在一個買大小的賽局中，不斷地只買某一單邊（買大或買細），每輸錢一次，就把輸錢的數目乘上兩倍，直至贏了一次，就可以將前面所虧損的金額全部贏回來，並能贏多於第一次所投入的金額。舉個例，先從 $1 開始買固定一邊，然後乘上兩倍增加注額，即是 $2、$4、$8、$16、$32、$64、$128、$256、$512⋯⋯直到贏錢為止。如果頭 10 次都輸了，即總共輸了 $1,023，接著就要投入 $1,024（512×2），如果這次贏了的話，除可填平之前的虧損外，更可以多贏 $1。

從概率的角度看，這策略長遠來說似乎是「必賺」，但要注意的是，當把策略套用到股票或外匯市場時，成功是需有兩個前設：

1. 你要有極大的本金額，才有足夠的彈藥持續投注；

2. 市況不是走單邊，例如遇上大熊市或股災，你就會愈買愈跌，除非你有足夠資金待到牛市出現，否則終會全賠收場！

能夠把「馬丁格爾策略」運用到現實中的代表人物，非索羅斯（George Soros）莫屬。1992 年，索羅斯成功狙擊英鎊，就是運用這策略獲勝。由於他當時擁有媲美國家央行的資金量，有能力把整個市場扭轉成想要的方向，結果這次狙擊成為他的成名戰役。

「金融大鱷」索羅斯

持續性「供股」，九成有古怪？

周不時都會在新聞看到，上市公司為求集資，會邀請股東出錢供股（Rights Issues）。方式是透過發行新增股票，按指定價格（供股價）售予股東，而股東是有權選擇供與不供。供股與否，基本上要考慮 3 點：

集資是否用於業務發展？

公司提出供股時，多數會在公告上說明集資目的。如果公司處於成長期，集資是為開發新業務，並有利盈利增長，集資則有助公司現金周轉，長遠來說絕非壞事（前提是你會長期持有）。相反，如果集資是為了還債，那就要想清想楚了。

公司有否持續提出供股需要？

開展新的業務發展計劃，即使需要供股，也不會不斷注資。萬一投資的公司持續提出供股，就要了解清楚其計劃是否出現虧蝕，而需要再供股填數。

其他機構投資者是否接受供股？

機構投資者有別於一般散戶，他們擁有強大的團隊，掌握更多資訊去分析公司。如果機構投資者不供股，可能是發現供股的價值不大，甚至會將股票拋售，到時股價或許會大跌。關於機構投資者的買賣活動，都可在 CCASS 找到。

由於新增的股份會令股票總數增加，所以每股盈利和你的持股比例，都會相應減少。如果你選擇不供股的話，應盡快在除淨前賣出，因為除淨就是要反映持股人在權益上的損失，若供股價較現價有顯著折讓，股價跌幅將更加明顯。

「孖展」交易，切忌「賭徒式」加碼？

投資者很多時只關心可以賺幾多，而無視自己能承受蝕幾多。在建倉之前，要有思想準備，按能承受的限度進入相應的倉位，切忌一廂情願地認為進倉後，價格就會按自己希望的方向發展。合理的倉位控制非常重要，萬一價格沒有隨預期的方向發展，但我們仍作「賭徒式」加碼的話，分分鐘會血流成河。

價格下跌，然後加碼溝貨，務求降低平均價，都是股票投資的常見操作，只要往後出現小反彈，就能將虧蝕減到最低；但這手法其實是有很大風險，特別是在期貨和外匯等「孖展」(Margin) 交易的情況。

股票跟孖展交易的最大分別，是股票不存在按金追加，而孖展交易一旦出現較大的反向波動時，是需要追加按金的。舉個例，假設你要購買某種貴金屬期貨，價格為 $100，以 $20 建倉，另外 $80 則從經紀借得，經紀要求孖展倉位要超過 $10 作按金。假如價格從 $100 跌至 $85，距離強制斬倉只剩下 $5，這時你就需選擇斬倉 (損失 $15 本金)，或償還經紀部分貸款 (補倉 $5)，以把孖展倉位維持在 10 元以上。

如果在虧損時仍增加倉位，一旦價格繼續反向波動，虧損就會倍增，你將顯得更進退失據，泥足深陷。因此投資任何情況時，建議應該先小量進倉，在走勢判斷正確、開始有盈利時，才順勢逐漸加倉，這樣才更易立於不敗之地。

簡易工具篇

如何
查閱個股「基本資料」？

受惠網上世界的方便，現時要知道即時股價，已經毋須在像 10 多年前般，需要站在銀行或證券行按報價機。只要利用電腦或手機進入相關的免費報價網站，即可獲得你所需要的資料，甚至會提供足夠充足的數據資料給你分析。

Step 1

輸入網址：
http://www.aastocks.com/

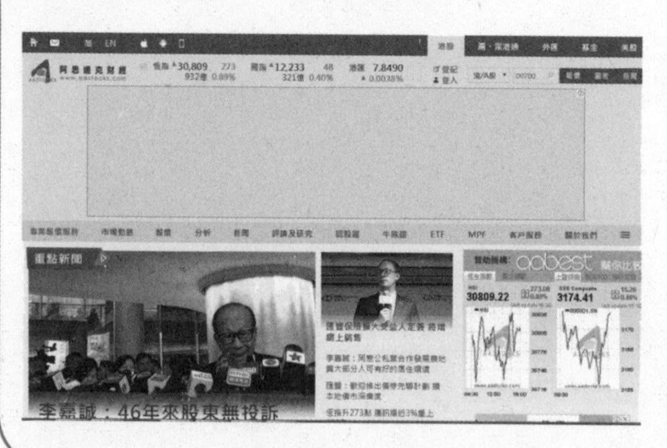

Step 2

進入網站後，在左上角輸入需要查詢的股票號碼，如「700」（騰訊），再按「報價」。

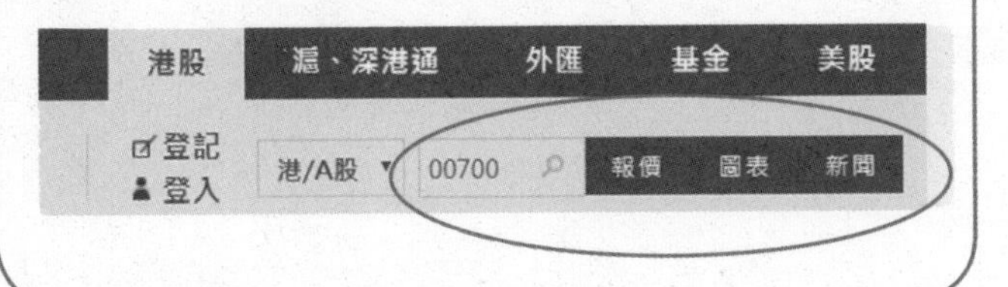

Step 3

進入新畫面，可以得知該股的現時價位、成交量及升跌幅等日常股價數據。然後，可以再接左欄的「詳細報價」。

代號	現價	升跌	升跌(%)
00700.HK	406.200	+11.600	+2.940%
03996.HK	1.240	-0.300	-19.481%
01347.HK	19.480	+1.500	+8.343%
00884.HK	6.470	+0.200	+3.190%
02099.HK	16.560	+0.660	+4.151%

Step 4

在這個畫面，可以獲得該股票多常用的基本財務比率，包括：市盈率（PE）、市賬率（PB）、每股盈利（EPS）和派息比率等。

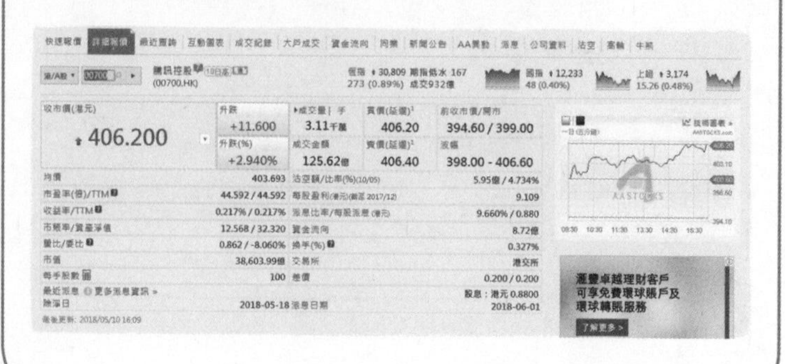

Step 5

按上欄的「公司資料」。

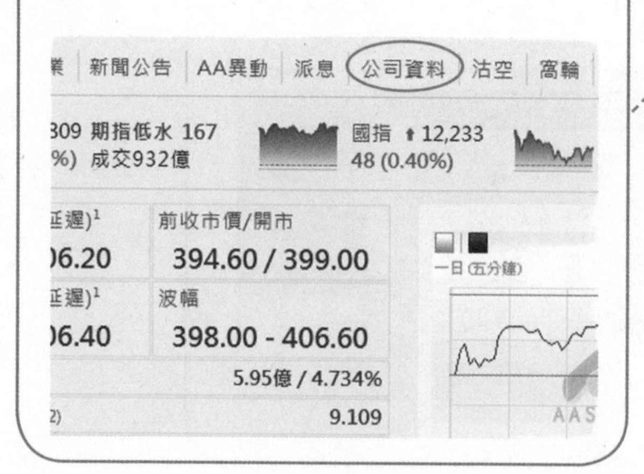

只賺不賠小股神

Step 6

進入新畫面後，就可以查詢該股的各種資料，包括：公司背景、損益表、財務狀況表、現金流量表和財務比率等。如果你只需要查找簡單數據，在這裡查詢相關資料，會比到「港交所披露易」下載相關財報更方便。

公司資料

公司概述 | 公司資料 | 基本數據 | 財務比率 | 損益表 | 現金流量表 | 資產負債表 | 盈利摘要

公司資料

主要股東
MIH TC Holdings Limited (33.17%)
Advance Data Services Limited (8.63%)

公司董事
馬化騰(主席，首席執行官兼執行董事)
劉熾平(執行董事)
Charles St Leger Searle(非執行董事)
Jacobus Petrus Bekker(非執行董事)
李東生(獨立非執行董事)
Iain Ferguson Bruce(獨立非執行董事)
Ian Charles Stone(獨立非執行董事)
楊紹信(獨立非執行董事)

相關上市公司
騰訊控股所持有的上市公司

代號	公司名稱	持股數量	持股比率%	更新日期
00136	恒騰網絡集團有限公司	16,408,738,489	21.99	2016/12/31
00419	華誼騰訊娛樂有限公司	2,116,251,467	15.68	2017/12/31
00772	閱文集團	522,305,634	57.62	2017/12/31
01668	華南城控股有限公司	925,100,000	11.55	2016/12/31
02858	易鑫集團有限公司	1,312,059,280	20.90	2017/11/16
03888	金山軟件有限公司	106,784,515	8.13	2017/12/31

損益表

損益表

截止日期	2013/12	2014/12	2015/12	2016/12	2017/12
營業總額	60,437,000	78,932,000	102,863,000	151,938,000	237,760,000
營業額	60,437,000	78,932,000	102,863,000	151,938,000	237,760,000
營業額(其它)	-	-	-	-	-
銷售成本	27,778,000	30,873,000	41,631,000	67,439,000	120,835,000
毛利	32,659,000	48,059,000	61,232,000	84,499,000	116,925,000
除稅前溢利	19,281,000	29,013,000	36,216,000	51,640,000	88,215,000
經營溢利	19,194,000	30,542,000	40,627,000	56,117,000	90,302,000
特殊項目	-	-	-	-	-
聯營公司	171,000	-347,000	-2,793,000	-2,522,000	821,000
共控實體	-84,000	-1,182,000	-1,618,000	-1,955,000	-2,908,000
稅項	3,718,000	5,125,000	7,108,000	10,193,000	15,744,000
少數股東權益	61,000	78,000	302,000	352,000	961,000
股東應佔溢利	15,502,000	23,810,000	28,806,000	41,095,000	71,510,000

現金流量表

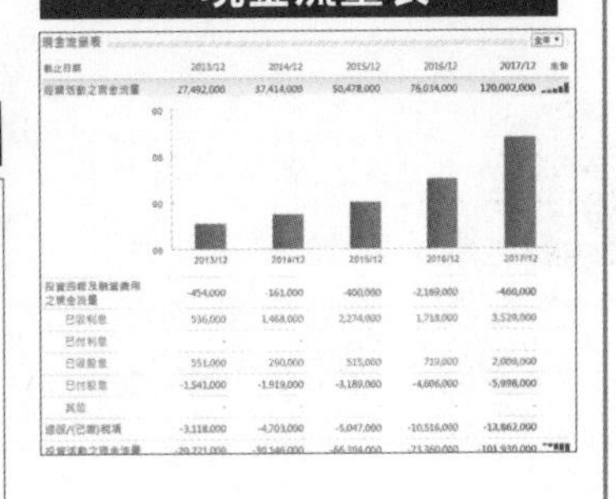

現金流量表

截止日期	2013/12	2014/12	2015/12	2016/12	2017/12
經營活動之現金流量	27,492,000	37,414,000	50,478,000	76,034,000	120,002,000
投資回報及融資費用之現金流量	-454,000	-161,000	-400,000	-2,169,000	-460,000
已收利息	536,000	1,468,000	2,274,000	1,718,000	3,529,000
已付利息	-	-	-	-	-
已收股息	551,000	290,000	515,000	719,000	2,009,000
已付股息	-1,541,000	-1,919,000	-3,189,000	-4,606,000	-5,998,000
其他	-	-	-	-	-
退回/(已繳)稅項	-3,118,000	-4,703,000	-5,047,000	-10,516,000	-13,862,000
投資活動之現金流量	-20,221,000	-30,146,000	-66,394,000	-73,360,000	-101,930,000

資產負債表

資產負債表

截止日期	2013/12	2014/12	2015/12	2016/12	2017/12
非流動資產	53,549,000	95,845,000	151,440,000	246,745,000	376,226,000
固定資產	9,564,000	12,767,000	16,806,000	19,928,000	29,508,000
投資	24,510,000	67,412,000	111,284,000	165,865,000	271,799,000
其他資產	19,475,000	15,666,000	23,350,000	60,952,000	74,919,000
流動資產	53,686,000	75,321,000	155,378,000	149,154,000	178,446,000
現金及銀行結存	43,982,000	53,511,000	80,769,000	122,972,000	144,027,000
應收賬款	2,955,000	4,588,000	7,061,000	10,152,000	16,549,000
存貨	1,384,000	244,000	222,000	263,000	295,000
其他流動資產	5,365,000	16,978,000	67,326,000	15,767,000	17,575,000

如何「比較同業」財務比率？

在【價值投資篇】提過，進行基本分析時，企業的財務比率（如 PE）或數據都需要跟同業比較才有意義。因此我們可以承接上一文【如何查閱個股「基本資料」？】的 Step 4 畫面，再作進一步分析。

Step 1

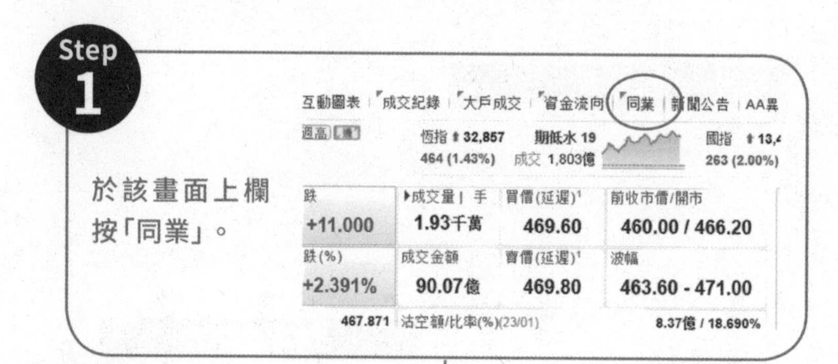

於該畫面上欄按「同業」。

Step 2

進入新畫面後，首先會在上半部分看到該股跟自身行業的平均水平作比較，數據包括：當日的股價升跌幅、成交額及市盈率。

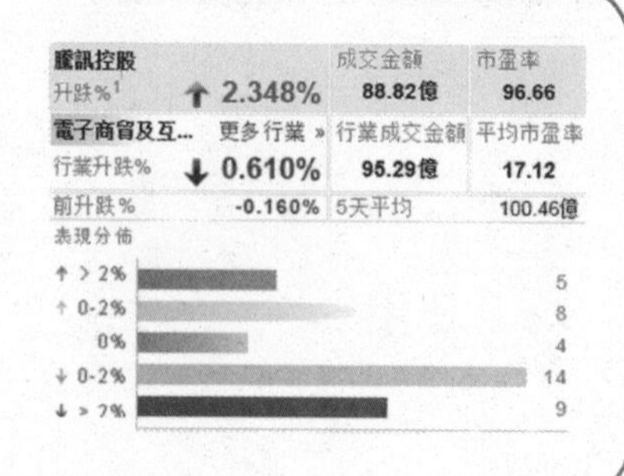

Step 3

在同一畫面的下半部分，就是該行業的所有相關個股的數據，包括：股價升跌幅、成交額、市盈率及市賬率等。

概覽 | 波幅 | 股價表現 | 財務比率 | 財務比率(銀行) | 盈利摘要

名稱 / 代號	港股通/AH	現價[1]	升跌	升跌(%)	成交量	成交金額	市盈率	市賬率	收益率	市值
中國數碼信息 00250.HK		0.083	+0.002	+2.469%	99.00萬	8.15萬	33.20	0.93	0.00%	16.53億
百富環球 00327.HK	滬	3.850	-0.030	-0.773%	2.53百萬	9.75百萬	7.14	1.23	2.06%	42.36億
中國智能集團 00395.HK		0.110	+0.002	+1.852%	1.58百萬	17.19萬	N/A	6.11	0.00%	5.24億
科通芯城 00400.HK	滬	4.460	-0.010	-0.224%	3.51百萬	1.59千萬	11.57	1.67	0.00%	65.62億
博雅互動 00434.HK		3.310	-0.010	-0.301%	48.70萬	1.61百萬	9.54	1.13	0.00%	25.42億
雲遊控股 00484.HK		8.780	-0.520	-5.591%	1.90百萬	1.68千萬	N/A	1.03	0.00%	12.13億
貿易通 00536.HK		1.380	-0.020	-1.429%	1.42百萬	1.97百萬	13.94	3.13	6.30%	10.97億
太平洋網絡 00543.HK		1.390	+0.020	+1.460%	58.82萬	82.21萬	9.36	1.40	9.07%	15.76億
未來世界金融 00572.HK		0.242	-0.013	-5.098%	6.54千萬	1.61千萬	15.03	2.50	0.00%	23.68億
騰訊控股 00700.HK	滬	470.800	+10.800	+2.348%	1.90千萬	88.82億	96.66	22.99	0.13%	44,721.56億
閱文集團 00772.HK		84.400	-0.400	-0.472%	1.36百萬	1.16億	N/A	N/A	0.00%	765.02億
網龍 00777.HK	滬	22.050	-0.250	-1.121%	1.07百萬	2.38千萬	N/A	2.56	0.90%	117.81億

Step 4

按上欄的「財務比率」。

概覽 | 波幅 | 股價表現 | 財務比率 | 財務比率(銀行) | 盈利摘要

名稱 / 代號	港股通/AH	現價[1]	升跌	升跌(%)	成交量
中國數碼信息 00250.HK		0.083	+0.002	+2.469%	99.00萬
百富環球 00327.HK	滬	3.850	-0.030	-0.773%	2.53百萬
中國智能集團 00395.HK		0.110	+0.002	+1.852%	1.58百萬
科通芯城 00400.HK	滬	4.460	-0.010	-0.224%	3.51百萬

Step 5

進入新畫面，即可獲得更多同業個股的財務比率作比較，包括：資產回報率（ROA）、毛利率及派息比率等。

概覽 | 波幅 | 股價表現 | 財務比率 | 財務比率(銀行) | 盈利摘要 | 只顯示港股通股票 | 全年

代號	名稱	現價[1]	變現能力		投資回報		盈利能力		投資收益	償債能力	截至
			流動比率	速動比率	資產回報率	股本回報率	毛利率	邊際利潤率	派息比率	債務股本比率	
00250.HK	中國數碼信息	0.082	2.35	2.35	1.91%	2.76%	82.92%	6.01%	N/A	8.79%	2016/12
00327.HK	百富環球	3.860	4.56	3.92	13.56%	17.34%	43.30%	20.62%	14.84%	N/A	2016/12
00395.HK	中國智能集團	0.110	1.30	1.29	-59.16%	-159.02%	53.66%	-603.49%	N/A	16.25%	2016/12
00400.HK	科通芯城	4.460	1.67	1.39	5.54%	13.30%	8.22%	3.70%	N/A	105.47%	2016/12
00434.HK	博雅互動	3.310	6.80	6.80	9.25%	10.45%	63.30%	28.35%	N/A	N/A	2016/12
00484.HK	雲遊控股	8.780	7.44	7.44	-34.01%	-37.31%	20.07%	-109.30%	N/A	N/A	2016/12
00536.HK	貿易通	1.370	0.47	0.47	14.04%	22.62%	100.00%	34.26%	87.88%	N/A	2016/12
00543.HK	太平洋網絡	1.390	2.89	2.89	11.06%	14.94%	62.53%	15.52%	84.96%	N/A	2016/12
00572.HK	未來世界金融	0.242	2.90	2.90	12.23%	15.50%	99.81%	124.35%	N/A	18.23%	2016/12
00700.HK	騰訊控股	471.600	1.47	1.47	10.38%	23.53%	55.61%	27.05%	12.52%	60.72%	2016/12
00772.HK	閱文集團	84.800	1.28	1.19	0.51%	0.71%	41.26%	1.43%	N/A	10.48%	2016/12
00777.HK	網龍	22.100	2.17	1.95	-4.24%	-5.26%	56.92%	-7.26%	-43.49%	3.45%	2016/12

如何運用「技術工具」分析圖表？

在【趨勢交易篇】，介紹了不少技術分析工具作出買入和買出的訊號，其實相關的股價圖及工具，都可以在網上免費應用；只要簡單地按幾下，即能更科學化地作出買賣判斷。

Step 1

回到【如何查閱個股「基本資料」？】提及的報價畫面。

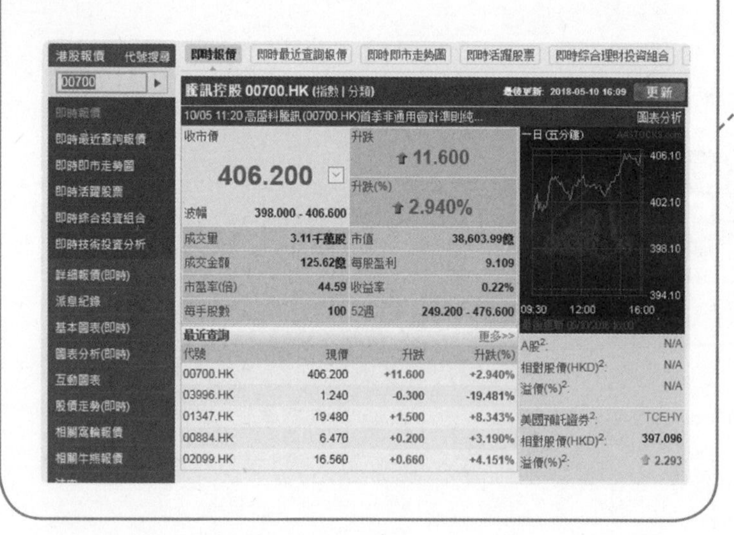

選按左欄的「互動圖表」。

詳細報價(即時)
派息紀錄
基本圖表(即時)
圖表分析(即時)
互動圖表
股價走勢(即時)
相關窩輪報價
相關牛熊報價

Step
3

進入新畫面後，我們可以看到該個股的股價走勢，並且可以設定「時段」及陰陽燭的時期（日線 / 周線 / 月線）。

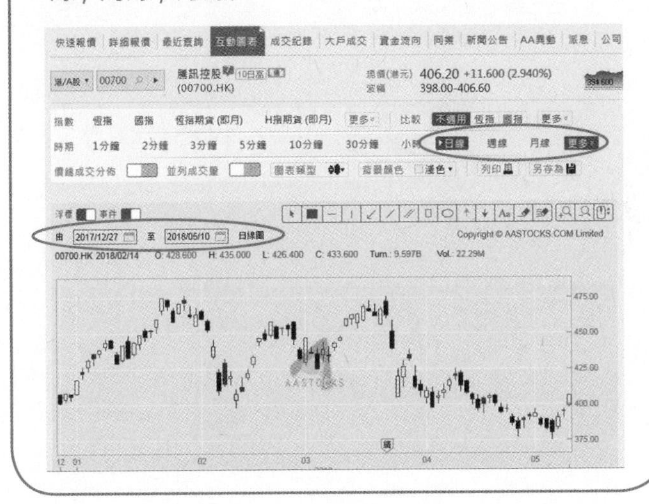

Step 4

在畫面右方，可看到各種技術指標，包括：各類天數的均線、保力加通道、成交量、RSI 和 MACD 等；只要選取所需要的指標，並按「繪畫」，即可看到原本的股價圖會出現相關的技術指標數據。

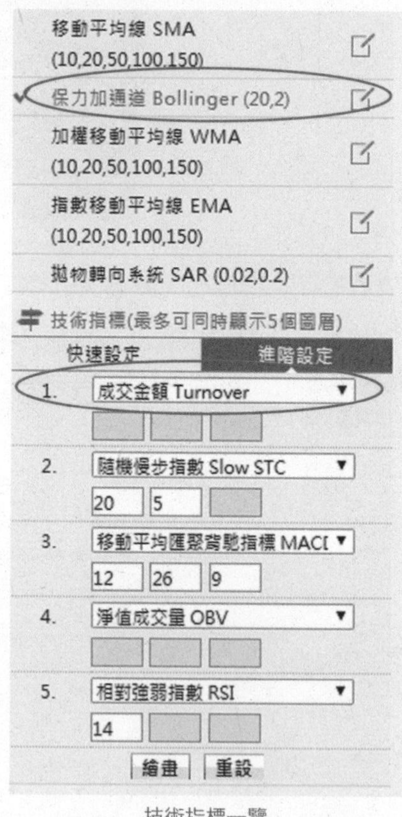

技術指標一覽

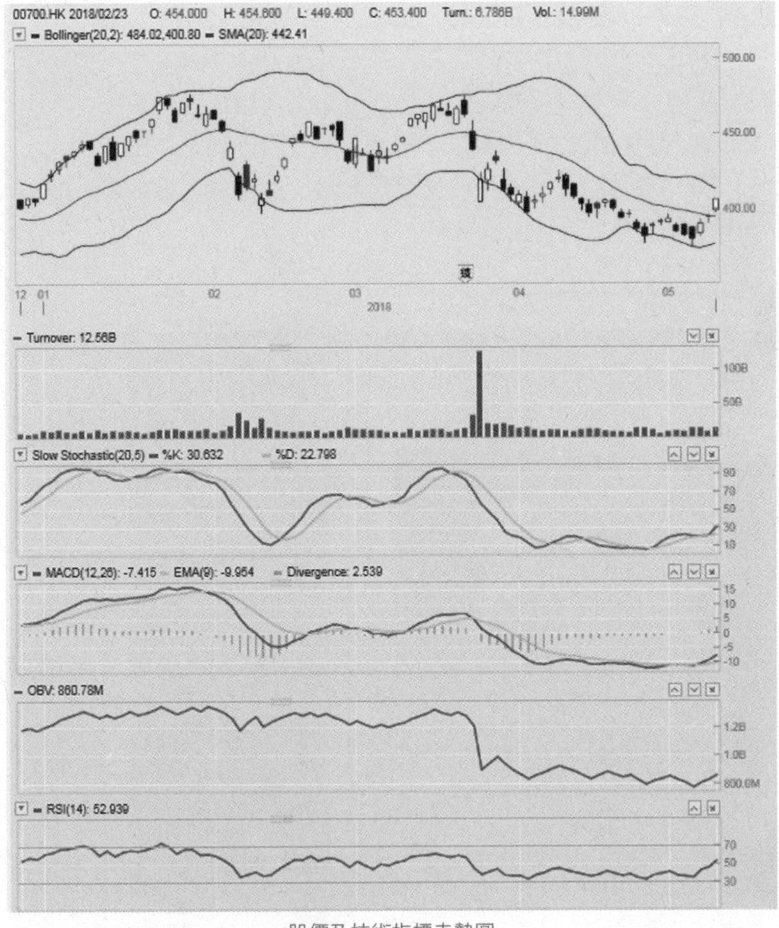
00700.HK 2018/02/23 O: 454.000 H: 454.600 L: 449.400 C: 453.400 Turn.: 6.786B Vol.: 14.99M
Bollinger(20,2): 484.02,400.80 SMA(20): 442.41
500.00
450.00
400.00
12
01
02
03
04
05
2018
Turnover: 12.56B
100B
50B
Slow Stochastic(20,5) %K: 30.632 %D: 22.798
90
70
50
30
10
MACD(12,26): -7.415 EMA(9): -9.954 Divergence: 2.539
15
10
5
0
-5
-10
OBV: 860.78M
1.2B
1.0B
800.0M
RSI(14): 52.939
70
50
30

股價及技術指標走勢圖

如何
知道個股「資金流向」？

前文提過，若果只從基本面作分析，未必找到最佳的入市機會。所謂「量在價先」，如果能了解大戶和散戶的資金流出流入變化，即知道該股正被大戶收集還是散貨，從中就可進一步判斷股價走勢是否將會持續或轉勢。

Step 1

回到【如何查閱個股「基本資料」？】提及的報價畫面。

代號	現價	升跌	升跌(%)
00700.HK	406.200	+11.600	+2.940%
03996.HK	1.240	-0.300	-19.481%
01347.HK	19.480	+1.500	+8.343%
00884.HK	6.470	+0.200	+3.190%
02099.HK	16.560	+0.660	+4.151%

Step 2

選按左欄的「資金流向」。

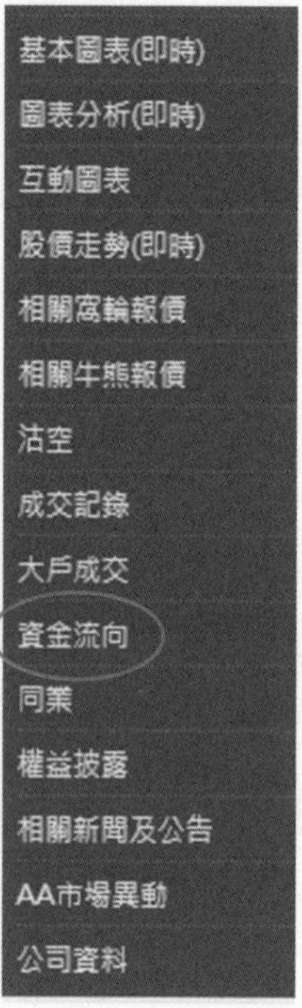

基本圖表(即時)
圖表分析(即時)
互動圖表
股價走勢(即時)
相關窩輪報價
相關牛熊報價
沽空
成交記錄
大戶成交
資金流向
同業
權益披露
相關新聞及公告
AA市場異動
公司資料

Step 3

進入新畫面後，即可看到散戶和大戶對該個股及相關行業板塊的資金流出及流入變化。

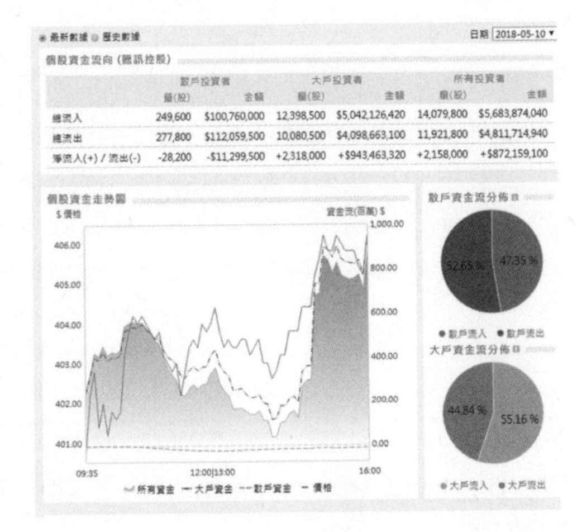

● 最新數據 ○ 歷史數據　　日期 2018-05-10

個股資金流向 (騰訊控股)

	散戶投資者		大戶投資者		所有投資者	
	量(股)	金額	量(股)	金額	量(股)	金額
總流入	249,600	$100,760,000	12,398,500	$5,042,126,420	14,079,800	$5,683,874,040
總流出	277,800	$112,059,500	10,080,500	$4,098,663,100	11,921,800	$4,811,714,940
淨流入(+) / 流出(-)	-28,200	-$11,299,500	+2,318,000	+$943,463,320	+2,158,000	+$872,159,100

個股資金走勢

同業資金流向 (電子商貿及互聯網服務 »)

	散戶投資者	大戶投資者	所有投資者
	金額	金額	金額
總流入	$115,335,976	$5,373,847,536	$6,082,913,393
總流出	$118,886,171	$4,260,120,674	$5,012,978,368
淨流入(+) / 流出(-)	-$3,550,195	+$1,113,726,862	+$1,069,935,025

同業資金走勢圖

資金流(百萬) $

1,000.00 / 750.00 / 500.00 / 250.00 / 0.00

09:35　12:00|13:00　16:00

所有資金　大戶資金　散戶資金

散戶資金流分佈：50.76 %　49.24 %　散戶流入　散戶流出

大戶資金流分佈：44.22 %　55.78 %　大戶流入　大戶流出

同業資金走勢

如何知道當日「熱炒」甚麼板塊？

針對熱炒板塊作投資，都是散戶常見的買入起手式，因為熱炒的地方往往成交量高，意味有大量資金流入，拉動股價上升。如前所言，如果是健康的熱炒，該板塊往往會持續人氣一段時間。當板塊輪動至其他行業時，亦可透過以下網頁得知，及早了解主流資金正在流入哪個新板塊，然後再作即時的投資部署。

Step 1

輸入網址：http://www.etnet.com.hk/www/tc/stocks/

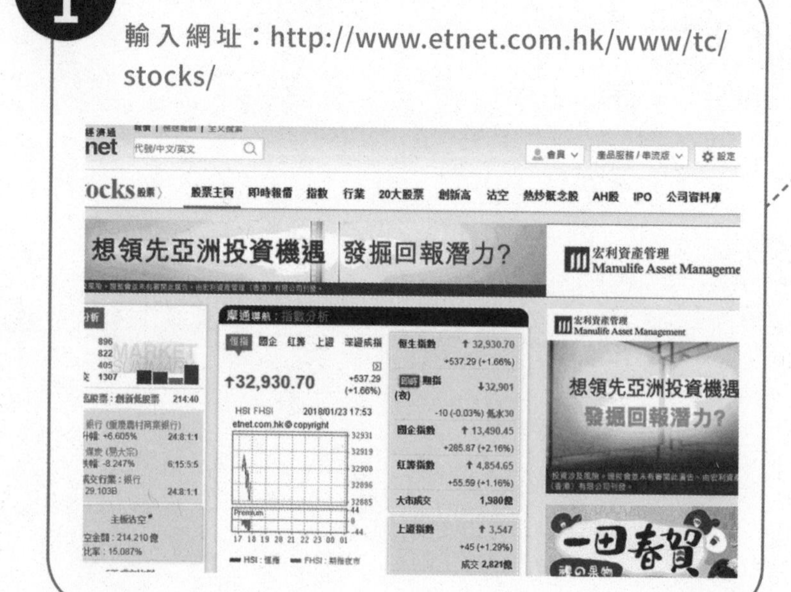

Step 2

按上欄的「熱炒概念股」。

20大股票　創新高　沽空　熱炒概念股　AH股　I

Step 3

進入新畫面，就會看到當日最熱炒的行業板塊以及相關股份。

熱炒概念股 | 概念板塊 | 人氣股票 | 房地產信託 | 預託證券 | 異動股

熱炒概念股

代號	名稱		按盤價	變動率▼	成交金額	市值	貨幣	周息率	市盈率	P/E Range
賭股有運行										
01128	永利澳門	↑	29.300	+6.159%	686.241M	143.410B	HKD	2.150	104.643	
00880	澳博控股	↑	8.650	+3.593%	308.853M	47.245B	HKD	2.665	20.998	
00200	新濠國際發展	↑	24.750	+3.556%	294.238M	36.714B	HKD	0.171	3.650	
00027	銀河娛樂	↑	67.050	+1.668%	877.854M	284.122B	HKD	0.881	45.485	
01928	金沙中國有限公司	↑	48.550	+1.357%	880.057M	386.765B	HKD	4.099	40.936	
01245	NIRAKU	↑	0.750	+1.351%	226,480	884.929M	HKD	0.267	25.947	
02282	美高梅中國	↑	24.800	+0.609%	467.140M	93.670B	HKD	1.113	31.000	
06889	DYNAM JAPAN	↑	11.420	+0.175%	2.890M	8.732B	HKD	7.268	13.278	
00102	凱升控股		**0.900**	0.000%	4.329M	1.340B	HKD	0.000	2,250.000	
00577	十三集團		**0.390**	0.000%	1.443M	359.138M	HKD	0.000		
01680	澳門勵駿		**1.270**	0.000%	10.429M	7.960B	HKD	0.000		
03918	金界控股	↓	6.430	-0.310%	24.866M	28.000B	HKD	3.496	10.424	
00070	金粵控股	↓	0.390	-2.500%	254,759	276.975M	HKD	0.000		
00487	睿德環球	↓	0.249	-4.231%	235,664	1.281B	HKD	0.000		
00959	奧瑪仕國際	↓	0.390	-4.878%	9.279M	334.367M	HKD	0.000		
蘋果股回升										
01661	智美體育	↑	1.170	+23.158%	72.246M	1.513B	HKD	3.829	15.993	
02283	東江集團控股	↑	5.180	+1.969%	3.146M	4.233B	HKD	2.896	20.720	
00763	中興通訊	↑	31.250	+1.461%	517.785M	23.269B	HKD	0.000		
01999	敏華控股	↑	8.340	+1.337%	122.435M	31.373B	HKD	3.237	18.273	
00698	通達集團	↑	1.960	+1.031%	37.422M	11.740B	HKD	2.449	11.200	
02038	富智康集團	↑	2.340	+0.862%	6.563M	18.777B	HKD	5.919	16.910	

如何評估「新股」是否抵買？

不少投資者都喜愛抽新股短炒，但無論是短線或長線投資，都最好先了解該新股基本面，並與同業數據作比較參考，就可知道該股是否抵買。

Step 1

同樣地，輸入網址：http://www.aastocks.com/，並把鼠標放於欄位的「市場動態」。

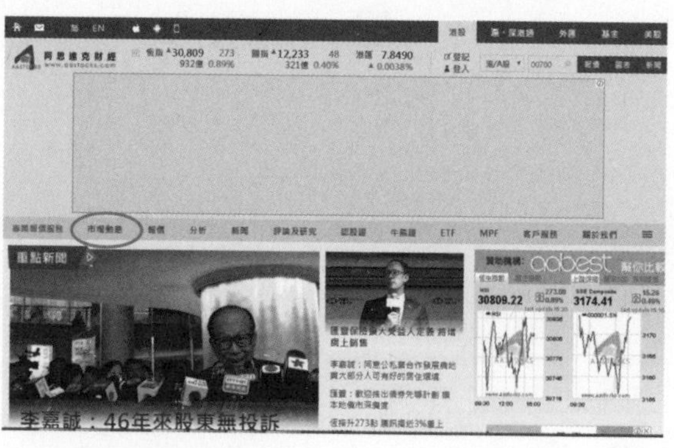

Step 2

在「市場動態」彈出的方塊中，再選按「新股頻道 IPO」。

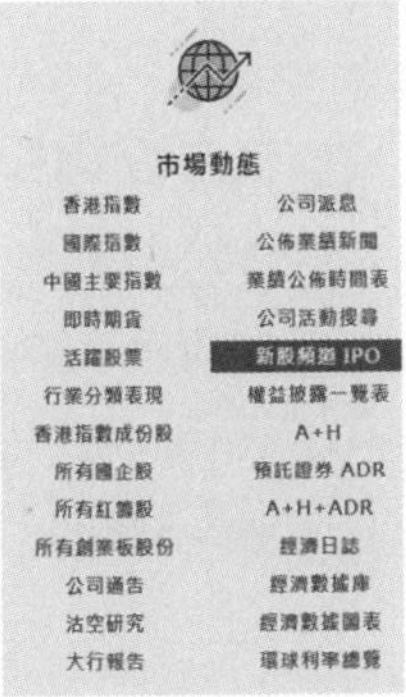

市場動態

香港指數	公司派息
國際指數	公佈業績新聞
中國主要指數	業績公佈時間表
即時期貨	公司活動搜尋
活躍股票	新股頻道 IPO
行業分類表現	權益披露一覽表
香港指數成份股	A+H
所有國企股	預託證券 ADR
所有紅籌股	A+H+ADR
所有創業板股份	經濟日誌
公司通告	經濟數據庫
沽空研究	經濟數據圖表
大行報告	環球利率總覽

Step 3

在新畫面的上半部，會看到將上市新股的各種資料，包括：「上市時間表」和「保薦人比較」，以及「半新股」的股價表現比較。

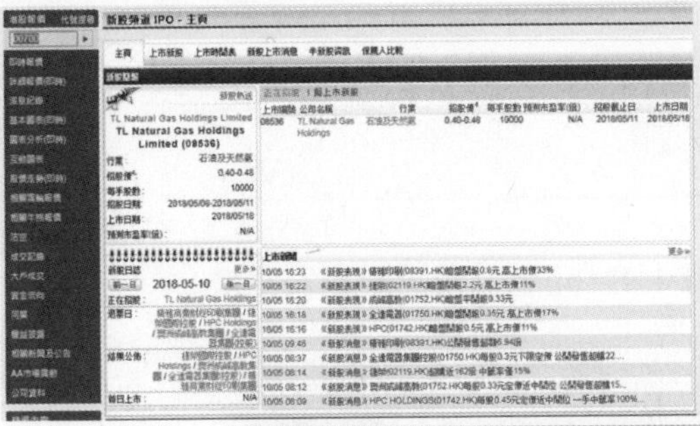

新股頻道 IPO - 主頁

新股上市新聞

半新股資訊

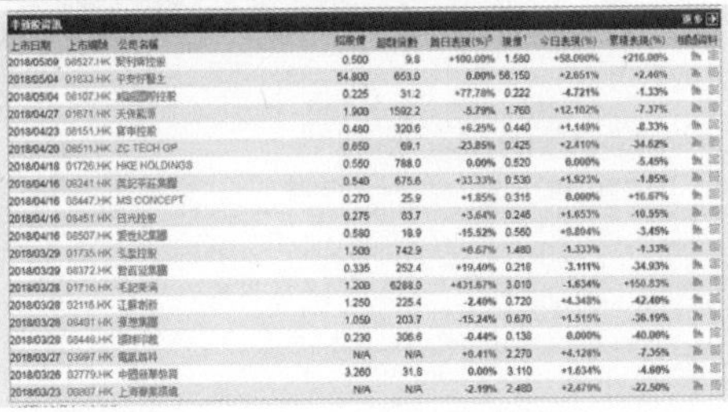

上市日期	上市編號	公司名稱	招股價	超額認購	首日表現(%)	現價	今日表現(%)	累積表現(%)
2018/05/09	08527.HK	聚利寶控股	0.500	9.8	+100.00%	1.580	+58.000%	+216.00%
2018/05/04	01833.HK	平安好醫生	54.800	653.0	0.00%	58.150	+2.651%	+2.40%
2018/05/04	08107.HK	[illegible]	0.225	31.2	+77.78%	0.222	-4.721%	-1.33%
2018/04/27	01671.HK	天保能源	1.900	1592.2	-5.79%	1.760	+12.102%	-7.37%
2018/04/23	08151.HK	寶申控股	0.480	320.6	+6.25%	0.440	+1.149%	-8.33%
2018/04/20	08511.HK	ZC TECH GP	0.650	69.1	-23.85%	0.425	+2.410%	-34.62%
2018/04/18	01726.HK	HKE HOLDINGS	0.550	788.0	0.00%	0.520	0.000%	-5.45%
2018/04/16	08241.HK	英記茶莊集團	0.540	675.6	+33.33%	0.530	+1.923%	-1.85%
2018/04/16	08447.HK	MS CONCEPT	0.270	25.9	+1.85%	0.315	0.000%	+16.67%
2018/04/16	08451.HK	日光控股	0.275	83.7	+3.64%	0.246	+1.653%	-10.55%
2018/04/16	08507.HK	愛世紀集團	0.580	18.9	-15.52%	0.560	+8.894%	-3.45%
2018/03/29	01735.HK	[illegible]	1.500	742.9	+6.67%	1.480	-1.333%	-1.33%
2018/03/29	08372.HK	君百延集團	0.335	252.4	+19.40%	0.218	-3.111%	-34.93%
2018/03/28	01716.HK	毛記葵涌	1.200	6288.0	+431.67%	3.010	-1.634%	+150.83%
2018/03/28	02118.HK	[illegible]	1.250	225.4	-2.40%	0.720	+4.348%	-42.40%
2018/03/28	08401.HK	[illegible]	1.050	203.7	-15.24%	0.670	+1.515%	-36.19%
2018/03/28	08446.HK	[illegible]	0.230	306.6	-0.44%	0.138	0.000%	-40.00%
2018/03/27	03997.HK	電訊首科	N/A	N/A	+0.41%	2.270	+4.126%	-7.35%
2018/03/26	02779.HK	中國新華教育	3.260	31.8	0.00%	3.110	+1.634%	-4.60%
2018/03/23	00807.HK	[illegible]	N/A	N/A	-2.19%	2.480	+2.479%	-22.50%

新股表現

Step 4

選按其中一隻新股或半新股，即可看到基本資料，包括：業務、招股價和招股日期、財務比率等。

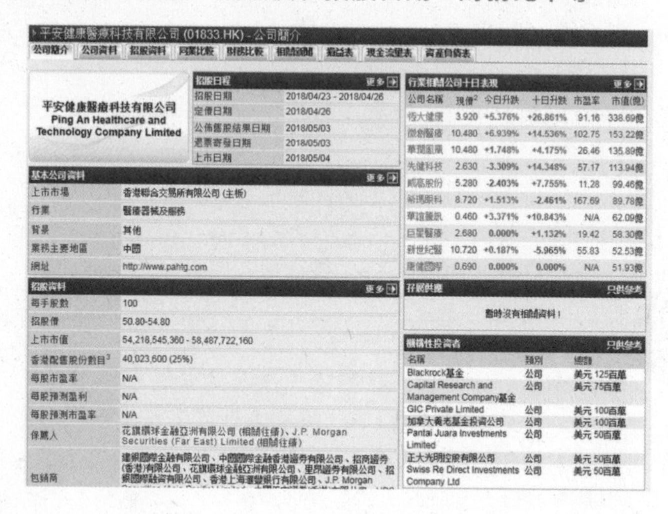

平安健康醫療科技有限公司 (01833.HK) - 公司簡介

公司簡介 | 公司資料 | 招股資料 | 同業比較 | 財務比較 | 相關新聞 | 損益表 | 現金流量表 | 資產負債表

平安健康醫療科技有限公司
Ping An Healthcare and Technology Company Limited

招股日程	更多
招股日期	2018/04/23 - 2018/04/26
定價日期	2018/04/26
公佈售股結果日期	2018/05/03
退票寄發日期	2018/05/03
上市日期	2018/05/04

基本公司資料	更多
上市市場	香港聯合交易所有限公司 (主板)
行業	醫療器械及服務
背景	其他
業務主要地區	中國
網址	http://www.pahtg.com

招股資料	更多
每手股數	100
招股價	50.80-54.80
上市市值	54,218,545,360 - 58,487,722,160
香港配售股份數目[3]	40,023,600 (25%)
每股市盈率	N/A
每股預測盈利	N/A
每股預測市盈率	N/A
保薦人	花旗環球金融亞洲有限公司 (相關往績)、J.P. Morgan Securities (Far East) Limited (相關往績)
包銷商	建銀國際金融有限公司、中國國際金融香港證券有限公司、招商證券(香港)有限公司、花旗環球金融亞洲有限公司、里昂證券有限公司、招銀國際融資有限公司、香港上海滙豐銀行有限公司、J.P. Morgan

行業相關公司十日表現 更多

公司名稱	現價[2]	今日升跌	十日升跌	市盈率	市值(億)
恒大健康	3.920	+5.376%	+26.861%	91.16	338.69億
微創醫療	10.480	+6.939%	+14.536%	102.75	153.22億
華潤鳳凰	10.480	+1.748%	+4.175%	26.46	135.89億
先健科技	2.630	-3.309%	+14.348%	57.17	113.94億
威高股份	5.280	-2.403%	+7.755%	11.28	99.46億
希瑪眼科	8.720	+1.513%	-2.461%	167.69	89.78億
華誼騰訊	0.460	+3.371%	+10.843%	N/A	62.09億
巨星醫療	2.680	0.000%	+1.132%	19.42	58.30億
新世紀醫	10.720	+0.187%	-5.965%	55.83	52.53億
康健國際	0.690	0.000%	0.000%	N/A	51.93億

孖展供應 只供參考

暫時沒有相關資料！

機構性投資者 只供參考

名稱	類別	總額
Blackrock基金	公司	美元 125百萬
Capital Research and Management Company基金	公司	美元 75百萬
GIC Private Limited	公司	美元 100百萬
加拿大養老基金投資公司	公司	美元 100百萬
Pantai Juara Investments Limited	公司	美元 50百萬
正大光明控股有限公司	公司	美元 50百萬
Swiss Re Direct Investments Company Ltd	公司	美元 50百萬

Step 5

再按欄中的「同業比較」或「財務比較」。

平安健康醫療科技有限公司 (01833.HK) - 公司簡介

公司簡介 | 公司資料 | 招股資料 | 同業比較 | 財務比較 | 相關新聞 | 損益表 | 現金流量表

平安健康醫療科技有限公司
Ping An Healthcare and Technology Company Limited

招股日程	更多
招股日期	2018/04/23 - 2018/04/26
定價日期	2018/04/26
公佈售股結果日期	2018/05/03
退票寄發日期	2018/05/03
上市日期	2018/05/04

Step 6

在新畫面中，即可看到該新股與同業股票的各種數據比較。至於各數據的作用，就可參考【價值投資篇】。

平安好醫生 (01833.HK) - 同業比較 - 醫療器械及服務

公司簡介 | 公司資料 | 招股資料 | 同業比較 | 財務比較 | 相關新聞 | 損益表 | 現金流量表 | 資產負債表

同業比較 - 醫療器械及服務　醫療器械及服務

上市編號	公司名稱		現價²	今日升跌	十天升跌	市值	市盈率(倍)	市帳率(倍)	派息比率(%)	股東權益回報率(%)	經營利潤率(%)	總債項/股東權益(%)
01833.HK	平安好醫生		56.150	+2.651%	N/A	599.28億	N/A	N/A	N/A	-24.83%	-53.34%	0.00%
00708.HK	恒大健康	比較	3.920	+5.376%	+26.861%	338.69億	91.16	33.79	N/A	36.93%	48.20%	642.70%
00853.HK	微創醫療	比較	10.480	+6.939%	+14.536%	153.22億	102.75	4.87	24.510%	4.69%	10.77%	62.62%
01515.HK	華潤鳳凰醫療	比較	10.480	+1.748%	+4.175%	135.89億	26.46	2.07	27.778%	7.68%	29.52%	3.13%
01302.HK	先健科技	比較	2.630	-3.309%	+14.348%	113.94億	57.17	9.01	N/A	15.53%	46.98%	0.00%
01066.HK	威高股份	比較	5.280	-2.403%	+7.755%	99.46億	11.28	0.87	22.863%	12.97%	24.25%	6.76%
03309.HK	希瑪眼科	比較	8.720	+1.513%	-2.461%	89.78億	167.69	42.54	N/A	25.49%	18.97%	5.68%
00419.HK	華誼騰訊娛樂	比較	0.460	+3.371%	+10.843%	62.09億	N/A	7.08	N/A	-11.83%	-81.90%	0.00%
02393.HK	巨星醫療控股	比較	2.680	0.000%	+1.132%	58.30億	19.42	7.22	39.855%	37.15%	13.53%	258.67%
01518.HK	新世紀醫療	比較	10.720	+0.187%	-5.965%	52.53億	55.83	3.67	26.042%	6.16%	32.24%	0.00%
03886.HK	康健國際醫療	比較	0.690	0.000%	0.000%	51.93億	N/A	1.29	N/A	-2.67%	-8.05%	0.49%
01789.HK	愛康醫療	比較	4.190	+7.712%	+9.974%	43.47億	24.94	5.23	20.833%	15.78%	33.51%	0.00%
00383.HK	中國醫療網絡	比較	0.280	+5.660%	-3.448%	40.54億	N/A	2.07	N/A	-3.67%	-1.26%	94.76%
02138.HK	香港醫思醫療集團	比較	3.650	+1.955%	-0.815%	35.90億	17.38	4.60	97.143%	25.78%	25.35%	0.12%
01526.HK	瑞慈醫療	比較	1.950	+2.094%	0.000%	31.05億	N/A	2.87	N/A	-6.89%	-5.34%	65.91%
01696.HK	SISRAM MED	比較	6.190	+0.162%	-1.433%	27.37億	20.43	1.20	N/A	3.77%	11.56%	3.78%
03869.HK	弘和仁愛醫療	比較	19.500	0.000%	-1.416%	26.95億	N/A	1.48	N/A	-0.91%	25.31%	15.75%
00286.HK	同佳健康	比較	0.850	+1.190%	+6.250%	25.47億	850.00	3.33	N/A	0.19%	9.95%	39.37%
00801.HK	金衛醫療	比較	0.850	0.000%	-1.163%	24.79億	N/A	0.76	N/A	-4.43%	-135.33%	90.37%

同業數據整體比較

平安健康醫療科技有限公司 (01833.HK) - 財務比較

公司簡介 | 公司資料 | 招股資料 | 同業比較 | 財務比較 | 相關新聞 | 損益表 | 現金流量表 | 資產負債表

財務比較 - 全年業績	2017/12		2017/12	2016/12	2015/12	
同業比較　恒大健康						
變現能力分析	恒大健康		平安健康	平安健康	平安健康	平均
流動比率(倍)	2.22	低於	3.02	2.23	0.61	1.95
速動比率(倍)	1.00	低於	3.02	2.23	0.60	1.95
償債能力分析						
長期債項/股東權益(%)	455.71	高於	0.00	0.00	0.00	0.00
總債項/股東權益(%)	642.70	高於	0.00	23.16	-27.16	-1.33
總債項/資本運用(%)	115.68	高於	0.00	23.16	-27.17	-1.34
投資回報分析						
股東權益回報率(%)	36.93	不適用	N/A	N/A	293.07	293.07
資本運用回報率(%)	6.65	不適用	N/A	N/A	293.19	293.19
總資產回報率(%)	4.02	不適用	N/A	N/A	N/A	N/A
盈利能力分析						
經營利潤率(%)	48.20	不適用	N/A	N/A	N/A	N/A
稅前利潤率(%)	49.28	不適用	N/A	N/A	N/A	N/A
邊際利潤率(%)	23.17	不適用	N/A	N/A	N/A	N/A
營運能力分析						
存貨周轉率(倍)	0.36	低於	284.11	683.52	356.38	441.34
投資收益分析						
派息比率(%)	0.00	相等	0.00	0.00	0.00	0.00
相關統計						
財政年度周最高價	4.320	不適用	N/A	7.660	16.998	
財政年度周最低價	1.270	不適用	N/A	5.370	3.958	
財政年度最高市盈率(倍)	101.16	不適用	N/A	N/A	N/A	

同業數據單獨比較

那些無法將你打敗的，終會使你更強大

終於來到第三本著作，亦是【股票投資三部曲】系列的最終回，我亦圓滿地達成了做作家的夢想；不過，這絕不是純粹的結束，而是另一個嶄新的開始。這篇後記請容我寫得感性一點，作個心路歷程的分享。內容上雖然跟股票投資關係不大，但沒有這些歷程，絕對不會有今天的我，更加不會存在閣下手中這本書。

回想從小到大的經歷，我的人生經常出現「摧毀」與「重生」的交替循環。雖然「摧毀」的過程令我失去一些東西，但所留下的種子，卻包藏著過去經驗的所有精髓，然後成為我「重生」的能量和驅動力，助我步上更高的階梯。

這種「火鳳凰」式的人生，在我生活的各個面向都曾經出現。初時所帶給我的，是痛苦、無助和無奈；但正是每次被迫上困境，才引發出自身潛能和覺悟，然後懂得以一個更高、更廣，甚至是以往從未觸碰過的視野，去看待眼前的處境，觀察世界的運行；最後總能夠找到出路並重新出發，而腳下之處，原來早已突破了過去的困難和界限。

這種人生，我不知應否說是戲劇性，或許你和我一樣，都經常出現類似情況，覺得是很平常；但對我來說，這些經歷令我慢慢由憂慮未知，轉至期待未知，甚至是擁抱未知。雖然面對過不少發生在自身的不公義事情，但回頭發現，如果不曾經歷種種，我的世界將依舊是相當狹窄，心靈的層次可能只會停留在相當淺層的水平。

小時候的我，可能比較在意別人對自己的看法，行為和選擇上容易傾向順從主流的價值觀而行，結果就忽略了自身的意願，甚至放棄了內心的感受。但當漸漸長大，在不公義之中不斷面對、不斷抗衡的我，開始醒悟到跟隨主流的價值觀而活、太介意別人的目光，其實是毫無意義、相當荒唐的事情。主流並不代表正確，因為這只是多種觀點之一，無非是比較多人依從罷了；如果因為個人利益或群體因素而選擇成為「羊群」，那麼生命的價值其實足以宣告名存實亡。

不跟隨主流，亦不代表要反抗主流，兩者不一定是對立，而我只是敢於選擇走一條跟別人不一樣的路。人很多時會傾向主流的立場，很大機會是受集體意識所影響，導致個體的自由意志遭淡化或遺忘；又或因為主流意味人數眾多，於是就有一種追求安全感的傾向，並選擇放棄自我，跟隨主流的大群體思想運行。不過，只要經歷過一定程度的「為公義與愛而犧牲」，又或見識過一些「為私利而埋沒良知的人」，就會明白太認真看待這個世界、太在意別人目光，而扭曲自己內心的意願和行為，是一種何其荒謬的選擇。

人本身就是不完美，所以「由人創造的世界都是不完美」也是理所當然。如果我們太完美主義地去哭訴、去抱怨世界的不公不義，結果就會活得很累、很累。你和我也是人，大家都不是完美，我們根本沒必要因為在意別人的眼光或主流社會的價值觀，而活出「不是自己」的自己。

宇宙或許是有輪迴存在，但在同一時空背景下，所有因緣際會，一生人確實只有一次。不管你承認與否，如果連自己都不懂得好好愛惜、把握及發揮自己獨有的生命，甚至放棄追尋和發掘真正的自己的話，你的一生只會是白過；就算你擁有多豐盛的物質、多受大眾矚目的名譽，這一切的價值最終都只會歸零。

無可否認，我們所面對的世界是存在很多不公平、不公義的事，甚至乎有些人是不會醒覺自己是多麼邪惡，並繼續沉醉於「荒謬當真理」的自我空間，在體制裡的象牙塔欺凌眾生、苟且偷安……但是，現實即使如此，也不代表我們要向惡勢力低頭、同流合污、放棄公平與公義，因為這時候，這個世界更需要我們站出來，去突顯良知的重要。

你或許覺得個人的力量很渺小，甚至不足以改變世界的洪流，於是感到絕望；但只要想深一層就會察覺，「你是世界，世界是你」，如果連你都放棄自己、屈從主流的意識形態，這個世界就真的只會依舊向現在的方向發展，而這才是真正的絕望——這種絕望其實你是有份促成的。

各位，請不要害怕失敗、請勇敢面對真正的自己，因為能夠「認識自己，突破自己，活出自己」——才是真正屬於你的人生，而我就是這樣走到現在的。共勉之。

陳卓賢（Michael）

陳卓賢 著

只賺不賠 小·股神

作者 / 陳卓賢
編輯 / 米羔、阿丁
插圖及設計 / marimarichiu

出版 / 格子盒作室 gezi workstation
郵寄地址：香港中環皇后大道中 70 號卡佛大廈 1104 室
臉書：www.facebook.com/gezibooks
電郵：gezi.workstation@gmail.com

發行 / 一代匯集
聯絡地址：九龍旺角塘尾道 64 號龍駒企業大廈 10B&D 室
電話：2783-8102
傳真：2396-0050

承印 / 美雅印刷製本有限公司

出版日期 / 2020 年 2 月（初版）
2021 年 1 月（第二版）
2022 年 6 月（第三版）

ISBN/ 978-988-79669-4-4

Published & Printed in Hong Kong

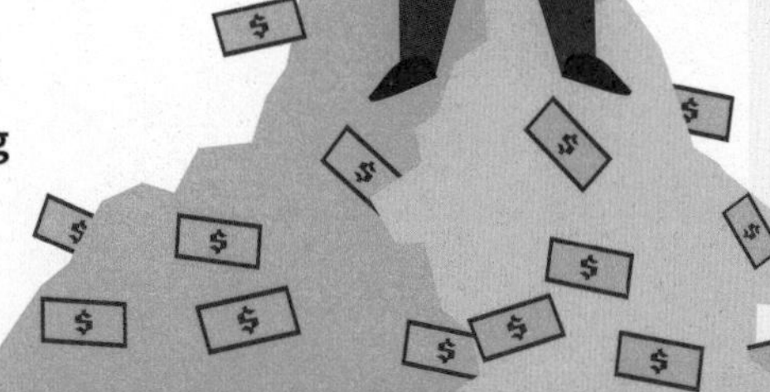